高质高效生产问答

◎ 殷剑美　张培通　主编

中国农业科学技术出版社

图书在版编目（CIP）数据

山药高质高效生产问答 / 殷剑美，张培通主编. —北京：中国农业科学技术出版社，2021.2

ISBN 978-7-5116-5184-6

Ⅰ. ①山… Ⅱ. ①殷… ②张… Ⅲ. ①山药—栽培技术—问题解答 Ⅳ. ①S632.1-44

中国版本图书馆 CIP 数据核字（2021）第 029057 号

责任编辑 李冠桥　马维玲
责任校对 贾海霞
责任印制 姜义伟　王思文

出 版 者　中国农业科学技术出版社
　　　　　北京市中关村南大街12号　　邮编：100081
电　　话　（010）82109194（编辑室）　（010）82109702（发行部）
　　　　　（010）82109709（读者服务部）
传　　真　（010）82109194
网　　址　http://www.castp.cn
经 销 者　各地新华书店
印 刷 者　北京地大天成文化发展有限公司
开　　本　850mm×1 168mm　1/32
印　　张　3.75
字　　数　90千字
版　　次　2021年2月第1版　2021年2月第1次印刷
定　　价　26.80元

◀━━◆ 版权所有·翻印必究 ◆━━▶

《山药高质高效生产问答》

编辑委员会

主　编　殷剑美　张培通

副主编　沙　琴　王　立　史新敏

编　委　李大婧　韩晓勇　马艳弘

　　　　郭文琦　李春宏　蒋　璐

　　　　刘水东　杜　静　金　林

前　　言

　　我国是山药的原产地之一，山药作为传统的具有营养保健作用的作物，已有2 000多年的种植历史。近年来，随着人民生活水平的提高，消费者日益追求营养保健食品，山药成为农产品消费的新热点，市场前景十分广阔。山药在我国南北方皆可种植，种植区域遍布20多个省区市（西藏、青海除外），并且有高产高效的优势，山药一般亩产为1 500～3 500kg，亩收入可达15 000元，纯收入近7 000元，成为各地发展地方特色高效农业产业和推动产业扶贫的好项目。目前，各地山药产业经营主体发展该产业的积极性空前高涨，全国山药产业蓬勃发展；现有种植面积800多万亩，鲜山药年产值约1 100亿元，是名副其实的千亿元级产业；山药可以加工成为多种多样的方便保健食品，产业发展空间巨大，前景十分广阔。

　　我国传统山药种植主要采取垂直向下生长的方式，一类采取虚沟种植，采收相对轻松，但遇到暴雨田间积水，易导致塌沟绝收，生产风险太大；另一类采用实沟种植，塌沟风险较小，但采收费力。不管采取哪种方式，都存在劳动力投入多、劳动强度大的问题。随着我国农业现代化进程加快，山药生产费事费工的问题，限制了山药生产方式的转型升

级，同时山药生产还存在品种混杂退化、种薯劣化等问题，迫切需要优质高效新品种和轻简栽培新技术的支撑。

为了切实解决上述问题，江苏省农业科学院经济作物研究所等科研团队，开展了大量研究工作：一是开展了薯蓣类山药新型定向槽浅生高效种植技术研究，同时开展配套技术研发，取得了显著的进展，目前相关技术成果已较为成熟，达到大面积示范推广的要求。二是开展了山药脱毒快繁技术研究，利用零余子培育复壮种薯技术研究，山药种薯水培扩繁技术研究，在满足山药种薯复壮更新需要的同时，积极推动江苏省山药传统主产区山药种薯定期复壮更新机制的应用。三是引进了不同类型的山药品种，尤其是参薯类山药品种的引进，经系统选育，培育了'苏蓣'系列山药新品种，丰富了特色山药品种的种类，为培育地方特色优质山药产品奠定基础。四是开展了块状山药起垄覆黑膜机械化优质高效种植技术、块状山药套网基质优质安全种植技术和薯蓣类山药定向槽机械化优质高效种植技术研究，推动山药生产向轻简化栽培、机械化作业发展，满足了规模化种植对轻简安全和机械化作业栽培新技术的需求。

为了促进创新科研技术成果的推广应用，顺应山药生产新型高效种植技术的需求，我们整理总结了江苏省山药科研团队的创新技术研究成果，并融合吸纳了传统山药种植的配套管理技术，编写了本书。本书涵盖山药的基本知识、山药的生长发育动态特征规律、山药的种薯扩繁技术、山药的新型高效种植技术和山药储存、加工等内容，旨在为广大山药科研人员、山药技术推广人员、山药生产经营主体和种植户提供参考。

本书共六章，由殷剑美、张培通策划构思、统筹编排，相关章节由本学科团队专家撰写，力求内容丰富、深入浅出，图文并茂，实用性强。本书编写过程中参阅了国内外相关研究资料，还得到了相关专家的指导和帮助，在此一并表示衷心感谢。由于水平有限，书中如有存在不妥和错误之处，敬请广大读者批评指正。

编　者

2020年9月，南京

目　　录

第一章　山药概述

1. 什么是山药?

山药,又名薯蓣、山薯、薯药、大薯等,为薯蓣科(Dioscoreaceae)薯蓣属(*Dioscorea* L.)中能够形成地下肉质块茎(根状茎)的栽培种(野生种),为一年生或多年生缠绕性藤本植物,在我国一般作为一年生蔬菜或中药材栽培,有补肾养胃、生津益肺的功效(图1-1),被国家卫生健康委员会列入药食同源目录。

图1-1　山药块茎

2. 怀山药、淮山药和铁棍山药有什么区别？

山药在我国北方地区，一般称为山药、怀山药等，而在南方地区一般称为淮山药。其实，"怀"和"淮"均指产地，"怀"指古代河南怀庆府，今河南省焦作市一带，此地所产铁棍山药品质上乘，故有"怀山药"之称；"淮"指江淮地区，包括江苏、安徽、浙江等省，所产的山药称为淮山药。

3. 山药的起源在哪里？

山药的起源中心主要有2种说法。一种说法是四起源中心说，即中国南部起源中心、中国中部起源中心、非洲西部起源中心和加勒比海起源中心。另一种说法是三起源中心说，即亚洲起源中心、非洲起源中心和美洲起源中心。但是，不论哪种说法，中国都是公认的山药起源中心之一。

4. 中国山药的种植历史有多长？

作为保健食品，山药在中国已有2 000多年的种植历史，东汉《神农本草经》将山药列为上品；明末《农政全书》记载："薯蓣为杂粮第一所在"；清朝《植物名实图考》将山药收入蔬菜。

5. 中国山药种植主要分布在哪里？

山药在中国的分布极为广泛，南起海南，北至黑龙江，西自新疆维吾尔自治区（以下简称新疆），东至台湾，均有种植栽培，面积达800多万亩（1亩≈667m²，全书同）。中国山药栽培区域可划分为五大区域：华北区、华中区、华南区、东北区和西北区。华北区是我国山药主要产区，包括山东、山西、河南、河北等省，栽培品种以薯蓣类山药为主；华中区包括长江流域、淮河流域和四川盆地等广大地区，栽培品种主要是薯蓣类山药和少量参薯品种；华南区包括海南、广东、广西、福建、云南、江西、贵州等省区，栽培品种有薯蓣类山药和丰富的参薯品种。

6. 江苏省山药种植主要分布在哪里？

山药是江苏省传统地方特产，目前江苏省山药种植面积约为20万亩，主要分布在苏北黄泛冲积平原（徐州市丰县、沛县及连云港市灌南县、灌云县等地区）和苏中、苏南的沿江及沿海淤积平原（南通市海门区、启东市）。其中黄河故道丰沛地区为水山药的主产区；连云港市的两灌地区是传统的淮山药主产区；沿江的启海地区为双胞山药的主产区。

7. 山药的分类有哪些？

我国山药资源丰富，栽培的山药种主要有薯蓣类山药（*Dioscorea Oppositae* Thunb.）和参薯类山药（*Dioscorea alata* Linn.），还有少量甜薯（*Dioscorea esculenta* Lour.）、褐苞薯蓣（*Dioscorea persimilis* Prain.）和日本薯蓣（*Dioscorea japonica* Thunb.）等。

根据块茎长短进行分类：①长型品种，块茎长80～120cm，大部分栽培山药品种属于长型品种，如大和芋水山药。②中型品种，块茎长50～70cm，如苏北淮山药。③短

型品种，块茎长度在50cm以下，块茎短圆形或不规则团块状，如'苏蓣1号'、脚板薯。

　　根据生育期长短进行分类：①早熟品种，生育期短，成熟期早，从播种到收获160~170d，一般9—10月收获上市。②中熟品种，生育期中等，从播种到收获180~210d，一般10月至12月上旬上市。主要品种有大和长芋及铁棍山药等大部分北方品种。③晚熟品种，生育期较长，从播种到收获220d以上，一般12月至翌年3月收获上市。根据块茎形状可分为：长圆柱形、扁形、块状3类（图1-2）。

长圆柱形　　　　　　扁形　　　　　　　块状

图1-2　山药块茎形状

8. 薯蓣类山药是什么样的？

　　薯蓣类山药块茎为长圆柱形，垂直生长，长度可达1m，鲜薯断面白色或略带淡黄色。雌雄异株（图1-3，图1-4）。江苏省及北方产区的品种大多属于该种，如铁棍山药、麻山药、水山药、大和长芋、牛腿山药等。

| 茎 | 叶 | 零余子 |

图1-3 薯蓣类山药（一）

| 雄蕊 | 雌蕊 |

| 蒴果 | 块茎 |

图1-4 薯蓣类山药（二）

9. 参薯类山药是什么样的？

参薯类山药块茎类型丰富，有长圆柱形、球形、扁圆形、扇形等；块茎外皮褐色、黑褐色、紫红或紫黑色，断面白色、淡黄色、紫色、淡紫或紫花（图1-5）。参薯原产孟加拉湾北部和东部，分布于我国西藏、云南、四川、贵州、浙江、江西、湖北、湖南、广东、广西等省区。江苏省及北方少有种植，此类型的山药地上部生长旺盛，块茎产量高。

茎叶 块茎

图1-5　参薯类山药（'苏蓣1号'）

10. 甜薯是什么样的？

甜薯块茎先端有多个分枝，各分枝末端膨大形成卵球形或椭圆形块茎，外皮淡黄色，块茎上毛根较多，肉质块茎煮熟食用有甜味（图1-6）。甜薯原产亚洲东南部，我国广东、海南及广西等省区均有分布。江苏省及北方少有种植。

| 茎叶 | 块茎 |

图1-6 甜薯（'甜蓣1号'）

11. 江苏省传统的地方特色山药品种有哪些?

（1）苏北淮山药外形柱状，粗短，口感粉糯、细腻，主要种植于江苏省连云港市灌云、灌南等两灌地区，产量较高、营养价值好，深受当地消费者欢迎（图1-7）。

图1-7 苏北淮山药

（2）水山药又名菜山药、花籽山药，原为江苏省沛县、丰县地方品种。1953年由江苏省丰县金陵乡农民从山药的自然变异株中选出不结零余子的品种，现已成为苏、鲁、

豫、皖交界地区栽培的主要品种之一。水山药栽培面积占该地区山药栽培面积的60%以上。

水山药块茎折干率低，含淀粉量少，含水量高，一般超过86%，炒食或生食脆且甜。水山药块茎长圆柱形，垂直生长，表皮较光滑，黄褐色，断面干时白色。皮薄毛稀，少瘤，肉质脆，易去皮加工，商品性好（图1-8）。水山药块茎粗长，产量高。一般块茎长1.1～1.8m，粗5～7cm，单株重2kg左右，重者达7～8kg。鲜薯亩产量3 000～4 000kg。

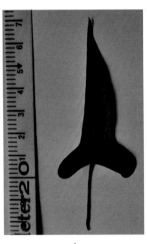

叶　　　　　　块茎

图1-8　水山药

（3）双胞山药于1972年由江苏省如东县兵房镇闸东村农民发现并经系统选育而成。双胞山药属于"短蔓不搭架双胞山药"。该品种单株块茎2根，俗称"双胞"，双胞率70%～80%，少数单胞，偶有三胞或四胞，主要集中在苏中沿江、沿海淤积平原地区栽培，占山药栽培面积的70%以上。

该山药品种的显著特点是块茎"双胞"生长，80%的植株都能结出2根山药块茎。属于短山药品种，双胞山药属于国内首选的1株2根或多根、短蔓、高产、高效、优质山药品种，生育期160d左右，为中早熟品种。双胞山药的特点：①易于繁殖，将整根块茎切分成小块种段催芽，各个种段先后均会出芽，不仅遗传性状稳定，而且繁殖率极高，1kg块茎当年即可扩大繁殖50kg左右。②双胞高产，该品种单株块茎2根，块茎长50～65cm，圆柱形，不斜长，易采挖，单根重500～1 000g，最大可达1 500g。③品质极优，块茎肉质细腻、黏滑，刨皮后自然存放，其雪白肉质数天不变色。烹制菜肴，易酥不烂，营养丰富。④短蔓易种，该品种短蔓地爬，主茎长高到40cm左右时，由嫩梢开始自然萎缩，逐渐团伏地面，从而促使分枝旺盛生长，分枝多达7～8条。鲜薯亩产量2 500kg，高的可达3 000kg（图1-9）。

茎叶

块茎

图1-9　双胞山药

12. 江苏省山药选育的新品种主要有哪些?

（1）'苏蓣1号'（苏鉴山药201501），原名'苏蓣紫1号'，由江苏省农业科学院经济作物研究所和江苏徐淮地区徐州农业科学研究所，以浙江台州紫蒣药地方农家品种，经系统选育于2013年育成，属偏迟熟型块状山药品种（图1-10）。营养生长较大，不结零余子；单株结薯2个左右，块茎表皮紫褐色，肉紫色，块茎长度25cm左右，周长20cm左右，重量1.0kg左右，属于粗短块状山药；该品种折干率达到23%，粉质；花青素含量9.28‰；山药皂苷含量达到1.51%，高于一般栽培山药；可溶性糖含量偏低。亩产2 000kg以上，适宜江苏省范围露地栽培，优先推荐在沿江地区推广应用。适于机械化操作。

图1-10　'苏蓣1号'

（2）'苏蓣2号'（苏鉴山药201502），原名'徐农紫药'，由江苏徐淮地区徐州农业科学研究所和江苏省农业科学院经济作物研究所，以浙江太湖紫蒣药经辐射育种方法，于2013年育成，属中晚熟紫色短块状山药品种（图1-11）。块茎长纺锤形，表皮粗糙、褐色，肉质柔滑，紫色亮丽，块茎肥大；块茎直径4～6cm、长20～28cm，单株结薯3～5个，单株块茎重1.0～1.2kg，少结零余子；折干率28%，淀粉20.9%，属粉质山药；花青素7.27‰；可溶性总糖含量5.1%；山药皂苷2.14%。轻感山药炭疽病，耐涝、耐渍能力较强。亩产2 200kg以上，适宜江苏省山药主产区，尤其是苏北黄泛冲积平原地区机械化种植。

图1-11　'苏蓣2号'

（3）'苏蓣3号'（苏园会评字〔2017〕第016-1号），由江苏徐淮地区徐州农业科学研究所以浙江余杭紫蓣药经辐射育种方法，于2013年育成，属晚熟紫色短块状山药品种（图1-12）。叶片较大，长卵状三角；主茎四棱形，茎粗约0.5cm；单株结薯1～3个，块茎扁纺锤形，粗短块状山药，须根少，表皮鲜色，肉粉色，长度15～18cm，周长

25～30cm；结少量零余子；折干率21.5%，淀粉14.9%，属粉质山药；花青素4.27‰；山药皂苷2.14%。轻感山药炭疽病，耐涝、耐渍能力较强，抗病性优于对照，商品性好，亩产3 700kg。适宜江苏省山药主产区，尤其是苏北黄泛冲积平原地区机械化种植。

苗　　　　　　　零余子　　　　　　　块茎

图1-12　'苏薯3号'

（4）'苏薯5号'（苏园会评字［2017］第016-2号），原名'1701'，由江苏省农业科学院经济作物研究所以浙江台州紫蓣药地方农家品种，经系统选育于2014年育成，属块状山药品种（图1-13）。出苗整齐，营养生长较旺盛；叶片较大，卵状三角，叶表光滑；主茎四棱形有叶翼，茎粗约0.4cm；单株结薯2个左右，块茎长纺锤形，粗短块状山药，表皮紫褐色，肉紫色，长度15～20cm，周长18cm左右；不结零余子。田间炭疽病发生较轻，抗病性好于对照'苏薯1号'，综合性状较好，亩产1 900kg左右。该品种适宜在江苏省山药产区种植，适合垄作机械化栽培。

茎叶　　　　　　　　　　块茎

图1-13　'苏蓣5号'

（5）'苏蓣6号'（苏园会评字［2017］第016-3号），原名'1702'，由江苏省农业科学院经济作物研究所以浙江台州白山药地方农家品种，经系统选育于2014年育成，属块状山药品种（图1-14）。出苗整齐，营养生长旺盛；叶片较大，长卵角形，叶表光滑；主茎四棱形有叶翼，茎粗约0.5cm；单株结薯3个左右，块茎短纺锤形，粗短块状山药，表皮淡黄色，肉白色，长度12～17cm，直径6～8cm；结少量零余子。田间炭疽病发生轻，抗病性优于对照，商品性好，亩产2 400kg以上。该品种适宜在江苏省山药产区种植，适合垄作机械化栽培。

茎叶　　　　　零余子　　　　　块茎

图1-14　'苏蓣6号'

（6）'苏蓣7号'（苏园会评字［2017］第016-4号），原名'1703'，由江苏省农业科学院经济作物研究所以浙江台州白山药地方农家品种，经系统选育于2014年育成，属块状山药品种（图1-15）。出苗整齐，营养生长旺盛；叶片较大，长卵角形，叶表光滑；主茎四棱形有叶翼，茎粗约0.5cm；单株结薯3个左右，块茎纺锤形，粗短块状山药，表皮淡黄色，肉白色，长度15～20cm，直径9～11cm；结少量零余子。田间炭疽病发生轻，抗病性优于对照，综合性状好，亩产2 700kg左右。该品种适宜在江苏省山药产区种植，适合垄作机械化栽培。

茎叶

零余子

块茎

图1-15 '苏蓣7号'

13. 山药资源如何保存？

山药资源可采用离体保存和种植保存2种方式（图1-16）。

（1）离体保存。选取每个资源的茎尖等组织，在培养基上繁育其组培苗而进行室内离体保存（具体方法见第四章山药种薯集中快繁技术）。此方法可通过试验手段，使其生长减缓，3~6个月更换1次培养基，比较省空间，并且省力。

（2）种植保存。每年春季，将每份资源种植于室外资源圃，收获期收获（种植方式同山药常规种植），翌年再种植，如此循环。此方法费时费力、占用一定土地面积。

图1-16 离体保存和种植保存

14. 山药有什么营养价值?

山药中含有淀粉、蛋白质、必需氨基酸、维生素、多种微量元素及脂肪酸等营养成分。以山药为主、辅以魔芋做成的仿生食品，具有营养丰富、滋补健身、养颜美容的功效，是不可多得的健康营养美食。

（1）淀粉。山药在生长过程中受环境条件的影响普遍有较高的淀粉含量，其中大多为支链淀粉，具有分子量小、聚合度低、易吸水膨胀和易糊化的特点，能够抵抗酸的降解和酶的破坏作用。新鲜山药块茎中淀粉含量约16%，其中直链淀粉占20%~30%，支链淀粉占70%~80%。电镜扫描的山药淀粉颗粒呈椭圆形及广椭圆形，颗粒大小为23.39~26.87μm。

（2）氨基酸和蛋白质。山药中含有全部的人体必需氨基酸和蛋白质。在不同种新鲜山药品种中测得总氨基酸占比1.15%~2.71%，粗蛋白占比1.86%~3.59%，其中铁棍山药中必需氨基酸可达1.05%。

（3）微量元素。山药中含有33种微量元素，其中K、P、Mg含量较高；Pb、Mo、Sr、Ti、Li、Ni、Cr、Ba、Na和Ca含量较低。研究证明，产地对矿物质元素的含量产生影响，来源于不同产地的同一品种山药其矿物质元素含量有明显差异，山药中微量元素见表1-1。

表1-1　山药中微量元素

序号	元素	含量/(μg/g生药)	序号	元素	含量/(μg/g生药)	序号	元素	含量/(μg/g生药)
1	K	1.93×10^4	12	Ba	1.20	23	Ce	$<4.00 \times 10^{-2}$
2	P	2.33×10^3	13	Ti	9.00×10^{-1}	24	Bi	$<3.00 \times 10^{-2}$
3	Mg	1.15×10^3	14	Li	5.70×10^{-1}	25	B	$<2.00 \times 10^{-2}$
4	Ca	7.47×10^2	15	Cr	4.50×10^{-1}	26	Ce	2.00×10^{-2}
5	Na	5.50×10^2	16	Sb	4.00×10^{-1}	27	Co	$<1.00 \times 10^{-2}$
6	Fe	2.83×10^2	17	Ni	3.70×10^{-1}	28	V	7.00×10^{-3}
7	Al	3.33×10	18	Nb	3.40×10^{-1}	29	La	$<4.00 \times 10^{-3}$
8	Cu	1.74×10	19	Ga	$<2.40 \times 10^{-1}$	30	Cd	$<3.00 \times 10^{-3}$
9	Zn	1.21×10	20	Mo	3.30×10^{-1}	31	Zr	3.00×10^{-3}
10	Sr	6.90	21	Pb	9.10×10^{-2}	32	Be	$<1.00 \times 10^{-3}$
11	Mn	6.70	22	Sn	8.40×10^{-2}	33	Se	$<1.00 \times 10^{-3}$

（4）脂肪酸。在山药中检出27种脂肪酸，其中饱和脂肪酸18种，占脂肪酸总量的51%；不饱和脂肪9种，占脂肪酸总量的49%。

15. 山药的药用价值如何？

山药是山中之药、食中之药，不仅可做成保健食品，而且具有调理疾病的药用价值。《本草纲目》指出：山药治诸虚百损、疗五劳七伤、去头面游风、止腰痛、除烦热、补心气不足、开达心孔、多记事、益肾气、健脾胃、止泻痢、润毛皮，生捣贴肿、硬毒能治。《医学衷中参西录》中的玉液汤和滋补汤，以山药配黄芪，可治消渴、虚劳喘逆，经常结合枸杞子、桑椹子等这些药食同源的中药材做茶泡饮，可补肾强身，增强抵抗力，可以起到较好的保健养生功效。研究表明，山药还具有诱导产生干扰素，增强人体免疫功能的作用。山药所含胆碱和卵磷脂有助于提高人的记忆力，经常食用可健身强体、延缓衰老，是人们所喜爱的保健佳品。

现代科学分析，山药的最大特点是含有大量的黏蛋白对人体具有特殊的保健作用。山药所含的多巴胺，具有扩张血管、改善血液循环的重要功能，该成分在治疗中占有重要位置。不过，山药皮中所含的皂角素或黏液里所含的植物碱，少数人接触会引起过敏而发痒，处理山药时应避免直接接触。

（1）山药多糖。多糖是现今公认的山药的主要有效成分之一，具有降血糖、抗氧化、抗肿瘤等功效。山药中含有鼠李糖、岩藻糖、木糖、阿拉伯糖、果糖、甘露糖、葡萄糖和半乳糖。不同提取方法和测定方法对多糖的得率有很大影响，不同地区不同品种山药多糖含量也存在较大差异，研究显示山药中多糖得率0.84% ~ 80.13%不等。

（2）皂苷。山药中含有17种皂苷成分，可清除体内自由基，抑制肿瘤生长，具有抗衰老作用，其中的多种甾体皂素配基是合成药用激素的重要原料。山药中皂苷含量随产地不同有较大差别，南方山药中皂苷含量普遍比北方高，浙江产紫山药皂苷含量可达到2.14%。

（3）尿囊素。尿囊素学名2，5-二氧代-4-米唑烷基脲，是咪唑类杂环化合物，具有镇静麻醉、消炎抑菌、抗病毒等多种功效，因此含有山药的制剂常以尿囊素作为质量标准的评价依据。新鲜山药中尿囊素的含量在0.14～0.30mg/100g。

（4）原花青素与黄酮。原花青素是多酚类化合物的总称，由儿茶素和表儿茶素经缩合而成。黄酮是山药中主要的酚类化合物，它们均起到抗氧化、抗肿瘤等作用。紫山药中原花青素含量约为93mg/g，微波法提取山药中黄酮的提取率可达0.428%。多酚类物质主要分布于山药皮中，对山药的感官和风味有很大的影响。

（5）黏蛋白。山药中含有大量的黏液蛋白质，也称为糖蛋白。它是一种复合物，由多糖和蛋白质构成，其中蛋白质占47.6%，多糖占52.4%，具有抗氧化、降血压、抗肿瘤、提高机体免疫力等多种功效。山药中的黏液能有效防止脂肪在血管中沉积，具有预防动脉硬化的作用，还能减缓血糖吸收、提高胰岛素敏感性。

山药，作为药食两用的中药材，受区域气候特征、地质特点、生长习性等因素的影响，具有不同的产地特征。

16. 山药市场销售去向是哪里?

河南省焦作市、河北省蠡县和河北省安国市已经分别成为我国药食两用山药的第一、第二、第三大产区，通过河北省安国中药材市场，鲜山药主要销往全国各地，并出口东南亚、日韩和欧美。而山东等地的米山药、鸡皮糙山药和日本大和长芋等，主要出口日韩。

17. 山药的应用前景大吗?

随着人民对健康生活的追求，具有保健功能的食药同源作物——山药，越来越受到消费者青睐，需求也越来越大。地方政府对山药生产越来越重视，如江苏省徐州市丰县，将山药的发展列入本县"十四五"重点发展产业。随着山药品种选育和栽培技术等进步，人们对山药营养价值和保健功效的认识逐渐加深，市场对山药的需求量日益增加，江苏省乃至全国的山药生产呈现快速发展趋势。

第二章 山药生物学特性

18. 山药的根是什么样的?

山药的根是不定根,一般分为种薯根和块茎根,主要功能是吸收土壤中的养分和水分,满足植株生长发育的需要。山药根系的生长与茎叶生长及块茎的形成和膨大密切相关。

山药种薯播种后,萌发芽向上破土形成地上茎,在茎的下端长出的不定根即为种薯根。根数量可达10~30条,直径0.1~0.2cm,长度40~120cm。此不定根系是山药的主要根系,主要分布在耕作层5~30cm,承担山药吸收水分和养分、维持植株生长的重要作用。山药种薯不定根的数量会随着植株的生长而不断增加,同时还会长出许多的侧根,以满足植株生长对营养吸收的需求,到块茎膨大盛期主根系达到最大值并保持稳定状态。

随着山药地下块茎的形成,在新形成的块茎上会长出许多不定根,即为块茎根。块茎根的数量和分布在不同品种间的差异较大,一般长柱型山药块茎根数量在500~2 000条,有的可达3 000条，主要分布在块茎的表面，随着块茎向下生长而逐渐增加；块状山药的块茎根数量一般为200～500条，主要分布在块茎的顶部，下部较少。块茎根可以吸收土壤深层的养分和水分，并同时固定块茎，但只是起着一定的吸收作用，而不是主要作用。初生的块茎根是白色，随着老化逐渐变成褐色（图2-1）。

种薯根 块茎根

图2-1 山药根

19. 山药的茎叶有什么特点？

山药的茎有3种，其中1种为正常茎，2种为变态茎。正常茎为地上藤蔓部分，变态茎为零余子和地下块茎。

（1）正常茎，就是地上的藤蔓，由种薯长出，种薯萌发出土，很快就长出柔软的茎，属于草质藤本，蔓性。茎的最前端一般为紫色或淡紫色，随着藤蔓的伸长，茎的颜色逐渐

变成绿色或绿色微带紫色，长度可达3m以上，粗度不一，细的只有0.1cm，粗的可达1.0cm。茎既可以沿着架子向上不断攀附（搭架），也可以匍匐在地面向周边生长（不搭架）。

主茎在生长的同时，在叶腋间可长出腋芽，进而腋芽逐渐生长成为侧枝。山药的茎一般有圆形和四棱形之分（图2-2）。圆形茎表面比较光滑，而四棱形的茎，有棱翼，棱翼一般为紫色、淡紫色或绿色等。山药的藤蔓在上架时一般为右旋卷曲，只有少部分是左旋。山药地上茎分主茎及侧枝，具有运输水分和养分、储存营养物质、攀附固定及光合作用等功能。

圆形 四棱形

图2-2　山药茎

（2）零余子，是山药的一种变态茎，也称珠芽、气生块茎、山药豆等，是由主茎和侧枝的腋芽分化而成。当地上部生长到一定阶段后，在主茎和侧枝的叶腋处开始分化，经过细胞分裂生长，在叶腋处隆起形成零余子。初生的零余子为乳白色、白色、紫红色、淡红色，零余子下端的细胞具有分生能力，零余子的生长和膨大就是靠细胞的分裂和生长进行的。有些品种的零余子生长能力较强，遇到适宜的条件如疏松的土壤时，就可以开始生长，最终可形成直径达3cm左右，长5~10cm，甚至20cm以上的块茎（图2-3）。

图2-3　零余子发芽

每个叶腋可着生1~3个零余子。零余子为褐色或深褐色，形状多样，大小不一，有圆形、长柱形或不规则形，直径1cm左右，重量一般2g左右，大的可达10g（图2-4）。零余子营养同块茎一样丰富，不仅可以食用，还可以用于品种提纯复壮进行山药种薯繁殖。但刚采收的零余子含有较高含

量的山药素，具有抑制生长和促进休眠的作用，此时的零余子处于高度休眠状态，山药素的含量会随着时间推移而逐渐减少。因此，必须经过一段时间休眠或使用外部措施处理打破休眠后，零余子才能发芽。零余子的休眠期因品种而异，一般休眠期60～80d。

铁棍山药

'苏蓣6号'

'苏蓣3号'

图2-4　不同品种零余子

（3）地下块茎，是山药的另一种变态茎，为山药的主要食用部分，平常人们所说的山药指的就是这部分。种薯萌发后，向上生长形成茎蔓，在茎的下端分化出块茎原基，由基端分生组织向下不断分裂生长形成块茎。地下块茎形状有圆形、圆柱形、长扁形、不规则形等，直径1～20cm，长度10～100cm，甚至可达2m。块茎表皮颜色也丰富多彩，有浅褐色、褐色、紫色、紫红色等，肉质有白色、淡黄色、紫色、紫黑色、紫白色等（图2-5）。单个块茎重量相差较大，小的只有100g左右，重的有5～10kg。

图2-5 山药块茎不同颜色

山药的叶是不完全叶，由叶片和叶柄组成，没有托叶。叶形有心形、三角状卵圆形、阔卵形、箭形、披针形等，基部形状为心形、圆形、三角形、戟形等。裂叶的叶片有3出深裂、3出浅裂。刚长出的叶片为紫色或浅绿色，成熟叶片多为深绿色或浅绿色。叶片大小随品种类型、生长部位等差异较大，如参薯类型的品种，叶片宽大，较肥厚，而薯蓣类型的品种，大多叶片相对较小，如花籽山药；一般主茎和茎蔓中下部的叶片较大，上部尤其顶部及侧枝上的叶片相对较小。茎基部的叶片一般多为互生，上部的叶片多对生，也有轮生的叶片（图2-6）。

图2-6　不同品种的叶片

20. 山药的花、蒴果和种子有什么特性？

山药为雌雄异株植物，雄花长在雄株上，雌花长在雌株上。雄花序（图2-7A），穗状，2～5个，朝上着生于雄株叶腋处；每个花序含15～20朵雄花，有白色绒毛，无花梗，直径约2mm，呈圆球形；花冠有2层，含3枚萼片和3片花瓣，浅绿色，枯萎后成枯黄色。

雌花序（图2-7B），穗状，数目较少，一般1～2个花序，着生于雌株叶腋处，长灯笼型向下垂；每个花序的雌花数目也明显少于雄株，只有10朵左右，无花梗，直径3mm左右，长约5mm；花冠同样含有3枚萼片和3片花瓣，浅绿色，3裂，柱头顶端黄色，2裂。山药花期因品种不同差异很大，大多数北方品种（薯蓣类山药）花期一般在6—9月，而参薯等类型品种花期较迟，一般在11月到翌年1月，甚至很难开花。

山药只有在短日照的条件下才能开花结实。山药的果实叫蒴果，由果皮和种子组成（图2-7C）。蒴果一般30～

40d成熟，颜色由绿色变成枯黄色或褐色，形状一般为三棱状扁圆形。每个果实里一般有圆形的种子4～8粒，有薄翅。但种子的饱满度很差，空秕粒一般在70%左右，高的甚至达到90%。

图2-7　山药的雄花（A）、雌花（B）和蒴果（C）

21. 山药的生长发育时期有哪些?

山药的生育时期一般划分为萌发期、生长前期（苗期和发棵期）、生长中期（块茎膨大期）、生长后期（膨大后期、成熟期）（图2-8）。

Bar=15cm

图2-8　山药块茎发育动态

22. 山药萌发期有哪些特点?

山药萌发期,指山药种薯播种后发芽到伸出土表前这段时期。此段时期,主要由山药种薯自身提供养分和水分,生长量小,根系未完全形成。

23. 山药苗期和发棵期有哪些特点?

山药苗期,指山药苗出土后至叶片完全展开这段时期,一般经历20d左右。发棵期,指苗期结束后,山药茎蔓爬架开始甩蔓,一直到茎蔓爬满架子结束,此时期为茎蔓快速生长期,时间40~50d(图2-9)。

苗期 　　　　　　　　　发棵期

图2-9　山药苗期和发棵期

24. 山药块茎膨大期有哪些特点?

山药块茎膨大期,地上部生长开始减缓,茎蔓伸长和出

叶的速度都大大减慢，地上部茎叶鲜重达到最高值，叶片光合能力也进入高光效时期，山药开始由地上部生长转移到地下部块茎生长。此时期块茎快速伸长，进入膨大期。参薯类块茎快速膨大期时间较短，但增长速率很快，1个月鲜重可增加1.5kg以上，并且体积、鲜重和干物质积累同步增长，是一个边膨大边积累的过程。根据对参薯块茎前端的解剖学观察，发现此时期无明显变化，细胞的持续分裂和后续的增大导致了参薯块茎的伸长，认为参薯块茎的膨大主要是由细胞体积的增大和细胞数目的增加共同作用导致。块茎生长盛期是山药产量形成的重要时期，光合产物合成最多，块茎伸长生长最快（图2-10）。

图2-10　山药块茎膨大期

25. 山药块茎形成后期有哪些特点？

山药块茎形成后期，地下块茎淀粉的积累开始超过其长度的增长。折干率在后期持续上升，可溶性糖含量开始下降，而淀粉、可溶性蛋白、多糖含量在经过前期波动后，均开始回升，此时参薯块茎内含物质在进行快速转化，在块茎发育过程中光合产物合成、分配及转移多在中后期，这与块茎膨大集中在中后期一致。当块茎停止生长后，尖端逐渐变成钝圆，皮色加深，黏液、淀粉及其他内含物质充实块茎（图2-11）。

图2-11　山药块茎形成后期

26. 山药成熟期有哪些特点？

山药地上茎蔓开始老化、枯萎、落叶，则进入成熟期。地下山药块茎经历了前期的快速膨大，此时体积不再变化，内含物质快速转化，鲜重达到最大值（图2-12）。

图2-12　山药成熟期

27. 主要山药品种的生长发育期有什么不同？

不同品种、不同地区，山药生长期有所不同。江苏省种植的白山药品种，如铁棍怀、双胞山药、大和芋等，一般4月中旬播种，5月上旬出苗，5月中下旬达全苗；主蔓6月中旬生长最快；5月底为地下茎形成期，6月底为地下茎快速生长期；现蕾期为6月中旬，地上部分停止生长期为7月下旬；块茎收获期为10月下旬至11月上旬，生长期约200d。而紫山药品种，如'苏蓣1号'，一般4月下旬播种，5月下旬至6月上旬达全苗；主蔓6月下旬生长最快；7月底为地下茎形成期，8月为地下茎快速生长期，块茎收获期为10月下旬霜降前，生长期约180d。

28. 山药生长对温度有什么要求？

薯蓣类山药，对气候条件要求不太严格，在无霜条件下可以正常生长发育，而参薯类山药则较敏感。对于霜冻的影响，轻微的霜冻可使山药叶片出现烧灼症状，持续霜冻可使植株枯死。收获时期，遇到霜冻容易引起地下块茎腐烂，不耐储存，影响产量和品质。因此，山药栽培，应根据产地气候条件，合理安排播种期，生长期尽量避开霜期；品种选用方面，也要因地制宜，合理选用，无霜期长的地区可选用生育期较长品种，无霜期较短的地区则应选择早熟品种。山药正常的生长温度范围为7～35℃。其中，发芽的最适温度为16～18℃，茎、叶生长的最适温度为25～28℃，地下块茎生长的最适温度为20～24℃。山药在低于15℃条件下不能进行正常的花芽分化。植株地上部分，低于10℃停止生长，但地下块茎仍然可以继续生长；低于5℃时，地上部分开始出现死亡。在同一时期，气温与土壤温度不一样，高温时土壤温度相对较低，低温时土壤温度相对较高，因此，山药的地下块茎深埋在土壤中，在一定的高温和低温条件下影响不大，其耐受气温为-5~35℃。山药块茎生长除需要适宜的温度外，也要求一定的昼夜温差。昼夜温差在8~10℃时最利于山药的伸长、膨大及干物质的积累。白天温度在25~28℃时，能增强山药的光合作用，制造碳水化合物；夜间温度较低，在17~18℃时，降低呼吸作用，减少养分消耗。山药播种适宜地温为10~12℃。我国南方一般在3月下旬开始播种，播期可以延续至6月中旬；北方在4月中旬开始播种，北方的生育期较短，应在5月上旬完成播种。

29. 山药生长对水分有什么要求?

水分在植物生长中起着重要作用，是植物细胞扩张生长的动力，也是各种生理活动的必要条件，参与植物的光合作用、呼吸作用及有机物的合成、分解、转运过程，是植物对物质的吸收、运输的溶剂。水分缺乏，生长就会受到影响。山药是需水量较大的作物，不同的生长发育时期对水分的需求不同。

（1）山药萌发期。山药种薯本身含有一定的水分，播种后，从土壤中吸收一定的水分，就能萌发出苗，生长量较小，需水量小。由于山药的根系尚未完全形成，对水分需求反应比较敏感，如果此时期土壤过于干旱、缺水，则延缓山

药的出苗和生长，甚至导致缺苗。山药萌发期，如果遇上连续低温阴雨天气，容易造成种薯腐烂、缺苗。因此，山药发芽期应保持土壤湿润、疏松透气，干旱时适时浇灌，渍水时及时排水，以保证齐苗全苗，利于山药发芽和扎根。

（2）山药生长前期。山药出苗后，其生长前期生长量较小，需要水分不多，应保持土壤湿润，利于根系深入土层和块茎形成。

（3）山药生长中期。地上茎蔓生长迅速，叶面积增大，蒸腾作用加强，需水量较大；地下块茎伸长生长和膨大也需要大量的水分。这一时期是山药需水最多的时期，需水量占总需求量的60%左右。这也是山药对水分供应较敏感的时期，缺水则严重影响产量。山药生长需水量较大，但要防止水分过多甚至渍水。在块茎形成和伸长膨大的过程中，土壤水分过多对块茎生长不利，土壤渍水，透气性差，不利于块茎的膨大，影响产量和品质，严重时会造成块茎腐烂。

（4）山药生长后期。正值气温由高温转向低温、由雨季转向旱季，山药地上部分生长逐渐缓慢，地下块茎继续伸长膨大，块茎干物质快速积累和充实。此时期，山药对水分的需求量低于生长中期，但是，也必须保持一定的水分供给，一方面维持地上部分生长的需求；更重要的一方面，是维持地下块茎生长充实对水分的需求。值得注意的是，这一时期，为了山药块茎的正常充实和保持根系活力，土壤水分不宜过多，不能渍水，注意及时排除田间积水，避免因土壤含水量过大而影响土壤通透性，否则易患根腐病，影响山药伸长，甚至引起各种病害，导致山药的产量和等级降低。

30. 山药生长对光照有什么要求？

山药生长发育离不开光，光是山药光合作用的能源。山药叶片内的叶绿素，需要在光照条件下才能够进行光合作用，如果把山药置于黑暗处，就不会有新的叶绿素形成，并且已经形成的叶绿素也会慢慢消失，叶片慢慢黄化，直到最后枯死。在一定范围的光照强度下，山药的光合作用随着光照强度的增强而增强。当光照强度低于一定值时，山药的光合作用微弱，并且低于呼吸强度，这一点的光照强度为光的补偿点；当光照强度高于一定值时，山药的光合强度就不再随着光照强度的增加而增加，这一点的光照强度称为光的饱和点。研究表明，山药的光补偿点约为670lx，单叶光饱和点约为38 000lx。山药群体的光饱和点比单叶的高，在50 000lx时还没有测出山药群体的光饱和点，这是因为光照强度增加时，山药群体上层的叶片虽然已经达到饱和点，但是下层的叶片的光合作用仍会随着光照强度的增加而增加，所以群体的总光合强度还在上升。因此，在山药种植时，适当把支架的高度提高，加强山药藤中下部叶片的光照强度，有利于提高山药的产量。光照、温度在山药生长发育过程中相互影响、相互制约。在光照较弱，温度相应较低或光照增强，温度相应增高的条件下，有利于山药光合产物的积累；在光照强度弱时，升高温度，呼吸作用就会加强，消耗光合产物增多，不利于光合产物的积累。可见，山药生长发育需要良好的光照条件，其块茎积累养分也需要充足的

光照。因而，在山药栽培上，一般不宜与玉米等高秆作物间作。

31. 山药生长对土壤有什么要求？

土壤是山药生长发育的基础，生长发育过程中所需的水分及各种养分，大多从土壤中获取。与其他作物一样，山药正常生长发育也需要一定的土壤环境。山药生长发育对土壤条件要求不太严格，一般来讲，土层深厚、疏松肥沃、有机质含量较高、排水良好的壤土、沙壤土最适宜山药的生长发育，产量高、薯块表皮光滑、形状规则、商品性好；黏性较大的黄壤土、红壤土传统方法种植产量不高、薯形差、商品性低，但是利用螺旋钻头旋磨，并且在田间管理上，保持土壤疏松，做到预防积水、种植沟土壤下沉板结，可同样获得较高的产量和良好的商品性。山药生长期间，尤其是块茎膨大期，应保持疏松透气的土壤，以利于山药结薯膨大，表面光滑，提高单产。大的土块容易使块茎须根增多，根痕大，薯块表面凹凸不平，薯块扁，易分杈，商品性差，影响加工和食用。低洼地、盐碱地不适宜种植山药。山药连作地块，土壤线虫病较严重，会影响产量，因此，山药不宜连作，宜与玉米和小麦等禾本科作物轮作。

32. 山药生长对肥料有什么需求？

山药喜肥，尤其是有机肥，忌氯肥。一般施足基肥，在山药膨大前，加施1次膨大肥，可满足山药整个生育期的肥料需求。

第三章 山药种植新技术

33. 现在山药生产面临哪些问题？

山药是一种高投入、高产出作物，种植效益可达1万元/亩以上，是提高农村经济效益的好项目之一。但一直以来江苏省种植的山药都是长柱状山药，形成了适宜长柱状山药品种的"山药开深沟培垄种植"栽培技术体系，生产需要深松土，收获时费事费工，用工投入多，栽培上不耐重茬，种植成本投入高，近年来气候等因素造成产量水平不高，经济效益不稳定；同时江苏省的山药缺乏系统研究，山药品种同质化、老化、退化问题严重，缺乏特色和竞争力；另外，产销脱节、市场波动，均导致近年来江苏省山药种植面积出现较大波动。

34. 针对这些问题有什么技术可以解决？

为了解决山药生产技术问题，近年来，江苏省农业科学院经济作物研究所等单位对山药进行了系统研究。为了解决长山药品种栽培带来的费事费工问题，首先，从浙江等地引进了浙江紫山药、台州白山药等块状山药品种（山药块茎

长15～35cm，直径6～8cm），进行系统选育，培育了'苏
蓣'系列（1～3号、5～7号）等块状紫（白）山药新品种。
其次，以块状紫山药为材料，进行了山药垄作栽培技术研
究，实行起垄栽培，免除山药传统的深挖沟（深松土）栽培
方式费事费工、对土壤耕作层严重破坏、夏季多雨易塌沟等
问题，打破了普通山药栽培对土壤的严格要求，拓宽了山药
栽培土壤类型和范围，可在江苏全省各地大面积推广。同时
对薯蓣类长山药品种进行定向浅生栽培技术研究，根据品种
特征确定定向槽规格、定向槽摆放方式、定向槽栽培覆盖要
求、定向槽栽培管理技术体系等，在保证不同类型山药高产
优质的基础上，大幅度节省种植环节用工。另外还根据山药
创新栽培技术体系的农艺要求，引进和研制与新技术农艺要
求相配套的山药起垄和收获新型农机2台（套），解决了山
药生产"种"和"收"2个高劳动强度环节机械配套问题，
实现全程机械化生产。

35. 山药开深沟高效种植技术及其优缺点有哪些？

山药开深沟栽培就是利用专用机械的螺旋钻头垂直旋
磨土壤，由牵引机牵引前行，在山药种植带上形成1条深
80～100cm、宽30cm左右的松土槽，在槽面种植山药，山
药的地下块茎就能垂直向下在疏松的土壤环境中生长，极大
地顺应了山药的生长习性，有利于山药的高产优质。本技术
的优点是，仅在山药的种植带上进行深耕深松土壤，土壤
细碎，可以极大地满足山药块茎生长对土壤环境的要求；缺
点是对土壤条件的要求比较严格。一般要求土壤疏松细碎，

土壤持水量合理，山药才能生长良好，块茎生长得以正常的伸长和增粗，产量高，商品率高，因此开深沟种植受土壤限制，较难大范围推广，而且山药收获也非常困难，劳动强度大（图3-1）。

图3-1 山药开深沟栽培

36. 山药开深沟高效种植技术要点有哪些？

目前山药主产区仍然以开深沟栽培为主，此项技术种植要点如下。

（1）冬前整地。于冬前采取耕翻或旋耕方式进行耕翻，耕深25～30cm土壤整细耙平。

（2）施足基肥。山药需肥量大，尤其喜有机肥。基肥亩施优质腐熟农家肥2 000～3 000kg（或优质牛、羊等牲畜粪肥1 000～2 000kg），另加腐熟饼肥100～150kg；或亩施三元复合肥（15-15-15）30kg；或亩施山药专用型基肥复混肥（江苏省农业科学院研制）500kg。不可使用氯化钾等含氯离子的复合肥。

（3）选择高产优质品种。适宜此技术的山药品种多为

长柱形白山药，如丰县水山药、海门双胞山药、大和芋等。

（4）种薯处理。选择无虫、无病、无损伤，发芽势旺的种薯做种用。将薯块用酒精消毒后的刀具切成4～5cm小块（75g左右）做种，每小块均须带有山药表皮，切块先在太阳下晾晒2～3d，切面干燥后，用生石灰粉或草木灰蘸种。薯块直径大于5cm的，可将薯块切成约5cm长的薯段，再将薯段从中破开一分为二，用上述方法消毒防感染，待播种。由于薯块营养水平不一，各部分的发芽势不一样，在切种时可以将头部、中部、尾部分开，在种植时分开种植，便于后期管理。结零余子的品种也可以零余子做种，20g以上无病、无虫、无损伤的零余子可直接做种用，当年的产量不及薯块做种高，可用于复壮品种用（图3-2）。

图3-2　种薯处理

（5）均匀晒种。播前2～3d将种薯块进行适当晾晒，以表皮稍裂、断面内凹干壳为宜。晒种要均匀，晒种时种薯块下铺稻草，将种块排成1层，尽量避免挤压。切忌将种薯块放在水泥地上晒种。

（6）种薯催芽技术。催芽方法是在日光温室或中棚、小棚内，把块茎平放排紧，上覆3cm厚的湿土，然后保湿催芽。塑膜内温度控制在28～30℃，超过此温度及时放风，至芽眼萌动并突出表皮时即可播种（图3-3）。

图3-3　种薯催芽

（7）机械开深沟。利用专用机械，在山药种植带上形成松土槽，行距1.2～1.5m，松土槽深80～100cm，垄面宽30cm左右，并于垄面开好种植沟。

（8）适期播种。山药播种时间宜在土下10cm地温稳定在15℃时（平均气温18℃时）进行，江苏省北部地区一般在4月下旬。地膜覆盖田块可提前7～10d，于4月中旬播种。

（9）合理密植。以薯块做种，株距为30～35cm，以零余子做种，株距为20～25cm。

（10）播种要求。在开槽沟上方开1条浅沟，将种薯

按顺序摆放在浅沟里，将两侧土壤覆盖种薯，覆土厚度5～10cm，使垄面呈"龟背形"，有利于防止下雨时垄面塌陷。有条件的，盖好土后可以在垄面铺好滴灌管带，然后用黑色地膜覆盖。为了防止滴灌管带阻碍山药的萌芽出土，在铺设时要注意将管带置于垄面一侧的中下位置（图3-4）。

图3-4 山药播种

（11）施肥技术。如果基肥量不足，可在5月底至6月初适当追施发棵肥，亩施尿素10kg左右，根据苗势而定，小苗弱苗多施，健壮苗少施或不施。山药膨大期（7月下旬），应施膨大肥促进地下块茎膨大，可亩施三元复合肥（15-15-15）20～25kg，施于根周，施肥后可适时灌水。如覆盖地膜且膜下有滴灌的，可以将肥料溶于水，水肥一体化施用。山药膨大盛期及后期，若植株出现早衰或较弱，可叶面喷施0.2%～0.5%的磷酸二氢钾或其他叶面肥。

（12）及时搭架。山药出苗后需搭架引蔓，保证生长时期茎蔓通风透光。架要牢固，避免倒伏。在南方地区，由于大多数山药品种，没有零余子或很少，虽然可以实行生态无架栽培，但由于其叶片较宽较厚，生物产量大，不搭架会引起叶片匍匐于地面，不利于通风而腐烂生病，建议仍然以搭架为首选。若叶片相对细小的品种，既可搭架，也可无架栽培，但搭架比不搭架产量相对高一些。生长前期，一般保留1条主茎，将多余的弱病苗除掉，以保障山药苗壮和避免单株多薯化，提高结薯质量（图3-5）。

图3-5 搭架引蔓和无架栽培

（13）确保水分要求。山药进入膨大期后，遇到干旱要及时灌溉，遇到雨涝应及时排水，确保土壤湿度适宜，满足山药生长发育的需要。

（14）适时收获。山药地上部分茎叶变黄脱落，即可收获。采收时可用铁锨（锹）沿垄一边开挖，开挖第1株时要先将山药前部土壤挖出，再从另一边用铁锨（锹）连土带山药一起挖出，轻轻拨开土块，取出山药放入筐内，注意轻拿轻放，避免损坏山药。为了减少用工，可以采取机械辅助收获，即先用挖掘机挖开山药块茎一侧的土壤，露出山药块

茎的一侧，再人工辅助轻轻将另一侧土壤去除，挖出整株山药。此收获方法在河南省温县铁棍山药的收获中较为常见（图3-6）。

图3-6　山药人工和半机械收获

　　为便于储存和长途运输，收获时，最好选择晴天上午采收，并将薯块就地晾晒2～3h，薯块表皮干爽后，再进行分级包装、储运。

　　（15）种薯保存。选择无病斑、无损伤且光滑的山药块茎，适当晾晒2～3d，以表皮稍裂为宜。晒种要均匀，晒种时种块下铺草，将种块排成一层，尽量避免挤压。切忌将种块放在水泥地上晒种。晾晒后裹上硫酸铜石灰粉后储存。山药块茎储存分室内储存和就地储存（图3-7）。室内储存宜存放在通风透气的地方，需要保持新鲜度的，可以沙埋储存。一般在没有霜冻或冻雨地区的山地或旱地，山药成熟后可以就地储存。

图3-7 山药室内储存

（16）病虫害防治。在山药栽培中，要注意防治黑斑病、炭疽病、斜纹夜蛾、蛴螬等病虫害。防控原则以预防为主，防治结合，以生物防治为主，化学防治为辅。具体防治方法详见第五章山药病虫草害防治。

37. 块状山药机械化起垄高效种植新技术及其优点有哪些?

江苏省农业科学院经济作物研究所和徐淮地区徐州农业科学研究所共同研究出"块状山药机械化起垄轻简栽培技术"，该技术应用块状山药品种，利用其粗短外形，实现了起垄栽培，结合覆黑膜的促早发、优化土壤理化特性、稳定土壤温湿度、控杂草的效应，实现了块状山药的轻简栽培，利用机械起垄、覆黑膜、破垄辅助收获等，实现了全程机械化作业，大大节省了劳动强度并降低了劳动力投入，同时还使山药能够在黏性土壤中获得高产优质，打破了山药种植区域和土质的限制（图3-8）。

图3-8　块状山药起垄栽培

38. 块状山药机械化起垄高效种植新技术要点有哪些?

（1）品种选择。选择适宜此技术的块状山药品种，如'苏蓣'系列紫山药品种（1号、2号、3号和5号）、白山药品种（6号和7号）及其他块状山药品种。

（2）田块选择。对土壤条件要求不是很严格，无论沙土、壤土、黏土，土层深浅，地下水位高低都可以种植，但以土质肥沃、土层深厚、排灌方便的沙壤土更有利于山药生长。

（3）冬前整地。于冬前采取耕翻或旋耕方式进行耕翻，耕深25～30cm，土壤整细耙平。

（4）施足基肥。山药需肥量大，尤其喜有机肥。基肥与第36问（2）相同。

（5）机械起垄。春节后开冻即可机械起垄，一般垄距80～100cm、垄高20～30cm，最迟播种前20d进行（图3-9）。

图3-9　机械起垄

（6）选种与切块。选择无病斑、无损伤、少须根且光滑的块茎，分切成50～100g小块做种，每小块均须带有表皮，切块先在太阳下晾晒2～3d，切面干燥后，用硫酸铜石灰粉裹种处理。亩栽2 500～2 800株。

（7）晒种浸种。播前1周可将做种的块茎进行适当晾晒，时间为2～3d，以表皮稍裂、断面内凹干壳为宜。种薯采用25%嘧菌酯悬浮剂1 000倍液加45%咪鲜胺微乳剂1 000倍液浸种10min，可有效降低病虫害发生。

（8）提前催芽。催芽方法是在日光温室或中棚、小棚内，把块茎平放排紧，上覆3cm厚的湿土，然后保湿催芽。塑膜内温度控制在28～30℃，超过此温度及时通风，至芽眼萌动并突出表皮时即可播种（图3-10）。

图3-10　种薯催芽

（9）播种时间。适宜在土下10cm、地温稳定在15℃时（平均气温18℃时）进行，江苏省北部地区一般在4月下旬。地膜覆盖田块可提前7~10d，于4月中旬播种。

（10）播种方法。在预先准备好的山药垄顶部，开7~10cm深小沟，浇透水，将种薯按株距30~33cm平排沟内，覆土盖膜即可，盖土厚度5~10cm。如在大棚里，也可在基质上直接播种覆土盖膜（图3-11）。

图3-11　块状山药播种、盖膜

（11）播后处理。一是化学除草，覆土后盖地膜前，可以进行化学除草，用40%乙草胺可湿性粉剂800倍液或96%精异丙甲草胺乳油1 000倍液，均匀喷洒于土表，喷除草剂要喷匀周到，提高防除杂草的效果。二是及时浇水，提倡适墒播种，若播种时墒情不足，应及时浇足水，浇水后要及时查看种薯，若有薯块被水冲露出地面，要及时覆土保湿。

（12）及早疏苗。块茎萌生丛苗，及早疏去弱苗，保留1~2个强健苗，并去除主茎基部的侧枝。

（13）搭架引蔓。当开始甩蔓时应及时搭架，要求选用180~200cm坚实竹竿或木棍，两垄一架呈"人"字形，下端插入土中20～30cm，在距顶部20cm处交叉，交叉处用绳带或铅丝绑紧固定，确保支架高度150cm左右（图3-12）。如在大棚里种植，也可用蔬菜专用吊绳代替竹架。

图3-12 块状山药疏苗、搭架

（14）中耕松土。生长前期中耕除草，每隔15～20d进行1次，直到蔓上半架为止，以后拔除杂草进行垄间培土。

（15）疏通三沟。山药耐旱怕涝，全生育期都要排涝，尤其是在多雨季节，雨季到来之前将内三沟和外沟全部疏通，防止排水不畅和田间积水。

（16）后期管理。注意疏通田间沟系，加强排水，防止田间积水和渍害；同时要防止干旱，遇干旱田间开裂、中午叶片发生卷缩时，要及时灌水。

（17）科学施肥。如果基肥量不足，可在5月底至6月初适当追肥，发棵期追速效氮肥，每亩施尿素10kg左右，根据苗势而定，小苗弱苗多施，健壮苗少施或不施。山药膨大期（7月下旬），应施膨大肥促进地下块茎膨大。膨大肥施用方法为：若植株生长正常，每亩可追施三元复合肥（15-15-15）15kg，若植株生长偏弱，施肥20kg，若植株生长偏旺，则施肥10kg。

（18）病虫防治。山药忌重茬，应避免与花生、甘薯、马铃薯等接茬种植。可采用轮作换茬，遇到严重病虫害，还需采取措施防治。具体防治方法详见第五章山药病虫草害防治。

（19）采收时间。正常采收应在霜降前选择晴天陆续进行。但根据市场的需要，9月即可采收出售，在霜冻来临之前需采收完毕。

（20）采收方法。块状山药扎深浅，采收时可用铁锨（锹）沿垄一边开挖，开挖第1株时要先将山药前部土壤挖出，再从另一边用铁锨（锹）连土带山药一起挖出，轻轻拨开土块，取出山药放入筐内，注意轻拿轻放，避免损坏山药（图3-13），也可利用机械辅助采收（图3-14）。

图3-13　块状山药采收

图3-14　机械辅助采收

（21）储存温度。块状山药采收后要晾晒2～3d。如暂时不出售，可以放在室内用细沙或沙土埋藏越冬，但注意不要受冻，温度控制在15～18℃。

39. 山药定向槽轻简化高效种植新技术及其优点有哪些?

传统长柱形山药种植是采用开深沟培垄种植，而"山药开深沟培垄种植"的栽培技术体系，生产上需要深松土，费工费事，劳动力投入多，拉高了种植成本，并对土壤条件要求十分严格，仅限于在疏松的沙地栽培，块茎才能正常生长，若在壤土、黏土上栽培，块茎则畸形分杈，产量、品质和经济性状均很差。若遇到降水量较大的年份，则会出现大面积塌沟，导致绝收（图3-15）。

图3-15　山药畸形与塌沟

　　近年来，国内推广"山药定向槽轻简栽培技术"，该技术具有操作简单、采收省力的效果。山药使用定向槽浅生栽培，将山药块茎由垂直向下生长改变为靠近垄面土层按一定斜度横向生长，可利用浅土层土壤疏松、通透性能好的特点，促进山药块茎加速生长，并且对土壤条件要求不太严格，无论沙土、壤土、黏土，土层深浅，地下水位高低都可以种植。

40. 是否所有山药品种都适宜定向槽种植新技术？

　　不是所有长柱形山药品种都适宜定向槽种植，尤其是薯蓣类长形山药，在种植之前需要严格地进行品种的选择，或适宜定向槽种植的新品种选育。

41. 适宜定向槽种植新技术的山药品种有哪些？

适宜定向槽种植的山药品种主要包括，参薯类山药品种如紫玉淮山、米易等，薯蓣类品种有'苏蓣10号''苏蓣15号'等（江苏省农业科学院选育）（图3-16）。

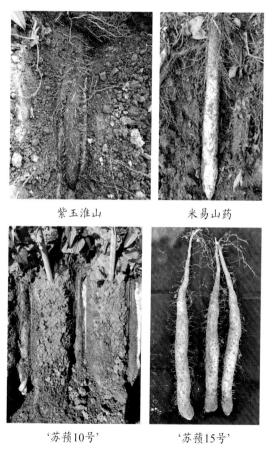

紫玉淮山   米易山药

'苏蓣10号'   '苏蓣15号'

图3-16 适宜定向槽种植新技术的山药品种

42. 山药定向槽种植新技术要点有哪些？

（1）田块选择。对土壤条件要求不太严格，无论沙土、壤土、黏土，土层深浅，地下水位高低都可以种植，但以土质肥沃、土层深厚、排灌方便的沙壤土更有利于山药生长。

（2）冬前整地。入冬前采取耕翻或旋耕方式进行耕翻，耕深25～30cm，把土壤整细耙平。

（3）施足基肥。山药需肥量大，尤其喜有机肥。施肥方法和用量与第36问（2）相同。

（4）机械起垄。利用机械起单面坡（15°）或双面坡（30°），一次成型，适用于大规模种植户（10亩以上）（图3-17）。或者利用开槽器直接在耕作层内地面下开槽，土壤湿度保持好，覆盖降温效果好，山药品质更优，适用于小规模种植户（10亩以下）（图3-18）。

图3-17　机械起垄

定向槽斜坡起垄机：为江苏省农业科学院经济作物研究所委托农机公司研制的30°定向槽双面斜坡起垄作业机械，与904-1304级拖拉机配套，可1次完成旋耕、起双面垄，交错栽培山药，效率高，效果好。

图3-18 开槽机械

机械开槽机（1次12槽）：为江苏省农业科学院经济作物研究所委托农机公司研制的平地直接开槽机械，与904-1304级拖拉机配套，可1次完成开槽12个，效率高，效果好。

人工开槽机：有单转子开槽机和双转子开槽机，1组1个槽或2个槽，适合黏土作业。

（5）人工放槽。将特制塑料山药定向槽，放入机械开好的槽内（或人工开槽），每亩可预埋1 800～2 000个浅生槽，并及时在浅生槽内摆放长度合适的玉米或稻草秸秆或其他松软填料，并回填泥土。浅生槽上端10～15cm部分空出不填填料只回填泥土，并留下标记以备种植。松软填料可选用粉沙，也可以选用取材来源方便的腐熟木糠、蘑菇渣、谷壳、秸秆等（图3-19）。

开槽	放槽
填料	回土

图3-19　人工开槽、放槽、填料、回土

　　（6）种薯处理。选择无病虫害、充分老熟的薯块，用消毒后的刀切成小薯块，每个薯块100g左右，保证每个薯块都有薯皮，然后用25%嘧菌酯悬浮剂1 000倍液加45%咪鲜胺

微乳剂1 000倍液浸种10min，取出晾干。催芽方式与第38问
（8）相同。经过20d左右，当种薯小块长出2cm左右幼芽时
即可定植大田。

（7）精细播种。江苏省苏北地区宜在4月中下旬以后
播种，当气温回升到17℃以上，地温稳定达到14℃以上时，
选择阴天或晴天下午播种，避免烈日暴晒。将带芽薯块芽朝
上放置于槽上端（空留位置），每个种块只保留1个健壮的
幼芽，其余幼芽均抹掉，覆土5～10cm，注意幼芽不要弄断
（图3-20）。

图3-20　播种、压槽

（8）坡面覆盖。种植后垄面喷封闭除草剂（40%乙
草胺可湿性粉剂800倍液或96%精异丙甲草胺乳油1 000倍
液），覆盖黑地膜。在高温之前（最迟7月），坡面覆盖秸
秆、草帘、保温毯等，防日晒高温（图3-21）。根据编者最
新研究结果，覆盖对于定向槽栽培的山药生长作用重大。由
于此种植方式下，山药块茎在土下10～20cm膨大，极易受
到太阳照射引起的高温伤害（槽内温度最高达45℃），从而
引起块茎畸形。采取覆盖后，槽内的最高温度可降至32℃，

并且日均温度下降，覆盖后还能保湿，有利于块茎膨大。

图3-21 坡面覆盖

（9）搭架引蔓及整枝。当苗长10cm左右时，应及时搭架引蔓。注意搭架一定要牢固，以防垮塌。当山药茎蔓长到20～30cm时，每株山药留粗壮藤蔓1～2条并及时引上竹架或网架，避免藤蔓未上架而倒伏在地面受晒烫死（图3-22）。

图3-22 搭架引蔓

（10）科学施肥。施肥方法和用量与第36问（2）相同。

（11）病虫防治。病虫害主要有炭疽病、根结线虫病、斜纹夜蛾、叶蜂和蛴螬。具体防治措施见第五章山药病虫草害防治。

（12）除草。利用定向槽种植山药最佳化学除草时间是在苗前，当藤蔓满架后，畦面被遮阴，杂草相对较少。播种后覆土前，用40%乙草胺可湿性粉剂800倍液或96%精异丙甲草胺乳油1 000倍液，均匀喷晒于土表，喷除草剂要喷匀周到，提高防除杂草效果。在生长期间如有杂草，可以选择人工除草。

（13）灌溉排涝。山药较耐旱，不耐涝，雨后要及时排除积水，以防烂根烂薯块。苗期和块茎生长初期需水不多，只需保持土壤湿润即可，避免大水漫灌。9月、10月是块茎快速生长膨大期，要勤浇水，以保持土壤湿润，如水分不足，对产量影响很大。块茎收获前10d左右应停止浇水，利于采收后销售或储存。

（14）采收储存。收获时把垄面上定向槽上部覆盖的土层轻轻拨开，就可以将整个山药块茎轻松拿出，可就地晾干表皮水分。收获时应尽量减少薯块的破损率，轻装、轻运、轻卸，防止块茎机械损伤，若有断裂及损伤，必须用草木灰或石灰粉涂抹伤口，以免伤口发霉腐烂（图3-23）。

图3-23　山药采收

第四章

山药种薯集中快繁技术

43. 山药组培苗如何培育?

目前生产上,山药主要通过块茎繁殖,这种无性繁殖方式用种量过大,生产成本较高,易受季节限制,并且长期利用块茎繁殖易造成种性退化,抗病性和抗逆性减退。利用组织培养方式进行种薯繁殖,不仅繁殖系数高,而且繁殖速度快,同时还能解决种性退化的问题。编者以浙江省台州市紫山药带腋芽的茎段为外植体进行紫山药种苗的快速繁殖研究(图4-1)。结果表明,70%乙醇30s+84消毒液15~20min配合使用灭菌效果最好;腋芽诱导最适培养基为MS+6-BA 0.5mg/L+NAA 0.1mg/L,培养25d后诱导的芽数最多,平均芽数为1.58,高度2.3cm;生根最适培养基为1/2MS+6-BA(0.1mg/L)+NAA 2.0mg/L+活性炭0.02%,平均生根天数为6d,生根率达100%,气生根发生率低,根系长而粗壮;生根培养基中培养30d后,将试管苗按节切段繁殖,繁殖系数可达3.0。

图4-1 山药组培苗

44. 山药试管薯如何诱导？

试管薯对光、温度的变化抗性更强，易保存，运输方便，尤其是利用脱毒苗获得的脱毒试管薯，利于国际间种质交换。目前，关于试管薯诱导技术的研究，仅见怀山药试管薯诱导技术的报道，台州紫山药试管薯的形成未见报道。编者以浙江省台州市紫山药试管苗腋芽为材料，研究了每个组培容器培养基用量、植物生长调节剂配比浓度、碳源及光照强度对台州紫山药试管薯形成和生长发育的影响（图4-2）。结果表明：在光照强度为2 000lx，每个组培容器培养基用量为60mL，同时添加0.02%活性炭、NAA：6-BA=2.0：0.1以及蔗糖浓度为70g/L的1/2MS培养基，有利于紫山药试管苗和试管薯的形成和生长发育，试管薯在培养40d左右开始形成，90d诱导率达100%。试管苗培养90d后：每个组培容器培养基用量为60mL，试管薯的诱导率为100%，试管薯重量值最大的为1.11g；培养基中NAA：6-BA=2.0：0.1，试管薯的诱导率为100%，试管薯重量值最大的为1.035g，根系粗长；蔗糖浓度为70g/L试管薯的诱导率为100%，试管薯重量值最大的为1.360g，株高最高的为9.98cm；光照强度为2 000lx，试管薯诱导率为100%，试管薯重量值最大的为1.09g，叶片数最多的为17.2片，根长最长的为2.72cm。

图4-2　山药试管薯

45. 山药组培苗如何培育山药种薯？

山药组培苗须根较多，不利于移栽成活，通过对组培瓶底部进行遮光处理，培养山药实生根系组培苗，在移栽活棵阶段采取局部透光保水覆盖结合通风透气，可以使山药组培苗移栽成活率达71.4%；再经严格苗床管理等一系列步骤，最终获得5g以上组培种薯比例为46.3%。本方法（专利号：ZL201510182586.2）利用组培苗繁育山药种薯，可实现山药种薯繁殖工厂化生产，并且具有繁殖系数较高，繁殖速度快，种薯带病毒少的特点（图4-3）。具体操作如下。

（1）培养实生根苗。利用1/2MS+6-BA 0.1mg/L+NAA

2.0mg/L生根培养基，采用组培瓶底部遮光处理，保证组培苗底部不照光，对山药组培苗进行生根培养。培养温度（25±2）℃，光照时间12h/d，培养周期为60～70d，即获得以实生根为主的山药组培试管苗。

（2）局部保水覆盖移栽。步骤（1）的试管苗长到高4～6cm，实生根10～15条时，经炼苗处理后，移栽到基质苗床；移栽后，用透光容器轻轻悬盖于组培苗上将组培苗地上部分完全包盖，对组培苗进行局部保水覆盖，苗床覆盖遮阳网；移栽3d内全天保持覆盖和遮阳；移栽3d后于17时至第2天8时揭掉组培瓶和遮阳网，8时后重新覆盖组培瓶保水和遮阳网遮阴，每隔1d重复操作1次；移栽20d时完全揭掉组培瓶，60d后完全揭掉遮阳网。

所述局部保水覆盖移栽方法中，试管苗经炼苗处理后，用镊子将组培苗轻轻带出，用清水将根表面培养基洗净，植于苗床。

所述炼苗为：试管苗长到高4～6cm，实生根10～15根，平均根长4～6cm时，整瓶移到与培养室温度相差5℃以内的室外，于散射光下放置5～6d后，打开瓶盖1d。

所述苗床为：苗床施足有机肥，深翻细耙，移栽前将苗床挖5～7cm深度，苗床宽1m，将土打碎覆营养土4～5cm，均匀喷洒4.5%高效氯氰菊酯于苗床及苗床周围，浇足水备用。

移载后苗床水分管理：组培苗移栽当天要浇定根水，以后每隔2～3d浇1次水；组培苗成活后要及时浇水，苗床应当见湿。

肥料管理：膨大期追施45%普通三元复合肥0.15kg/m^2。

苗床上搭弯弓供藤蔓生长。

图4-3　山药组培苗培育种薯

46. 山药种薯繁殖有什么问题?

　　山药一般采用地下块茎切块繁殖。这种方法不仅用种量大,而且扩繁速度慢,大大提高了生产成本,严重影响了山药的推广应用。目前国内山药种薯都是群众自留种,不能满足种植面积迅速扩大的需要,同时,由于山药不宜连作,新发展种植农户种薯供应问题突出,并且种薯成本高,这是限制山药生产发展的一个重要因素。另外,块茎不同部位出苗时间并不一致,山药种块不能及时萌发出苗,种植后,出苗期(不定芽开始形成到萌发出苗)一般要经历50d左右,而这段时间经常遇到连续阴雨天气,气温较低、降水量偏多、土壤含水量增大,烂种、死苗的现象时有发生,造成单产降低,效益下降,甚至绝产,严重打击了农民的种植积极性。

47. 山药种薯苗床集中快繁有什么优势?

采用微型薯块进行苗床集中培育种薯方法,可以实现种薯繁殖工厂化生产,有利于形成大批量种薯供应能力。同时,所获得的都是山药栽子,一是有利于缩短出苗期,提早出苗,延长生育期;二是可保证苗齐、苗壮;三是增产增收显著,因为苗齐、苗壮,生长、结薯基本一致,缩小单株间的产量差异,总体产量增加,商品一致性好,出苗期缩短,可提早上市,进一步提高种植效益;四是可有效地利用土地。本方法不仅可以加快山药种苗繁殖速度,提高繁殖效率,还大大节约山药生产成本。这种种薯繁殖方法对不结零余子的山药和山药块茎粗大的块状山药品种尤为重要。

48. 山药种薯苗床集中快繁如何操作?

选取无病虫损伤的山药薯块,经过切割、消毒处理、苗床集中培育等一系列操作步骤,形成山药种薯。苗床集中培育包括苗床微型薯块重量,苗床尺寸大小,播种密度选择以及苗床管理,最终获得山药种薯。本研究利用较小的山药薯块来繁育山药种薯,可实现山药种薯繁殖工厂化生产,达到节约用种成本的目的。具有繁殖系数较高,繁殖效率高,节约山药种植成本,提高种植效益的特点(图4-4)。具体操作如下。

(1)山药薯块重量的确定。选择无病虫损伤的山药薯块,切割成整段10g、或1/2段5g、或1/2段10g、或1/4段10g,将切好的薯块晾干,涂上石灰和硫酸铜等质量混合粉,备用。

（2）苗床的准备。小区苗床宽1m，将苗床内挖一锹深度土，全部翻到苗床周边打碎，将苗床底部铲平，浇足水，待水分渗完，每平方米苗床撒施25%普通三元复合肥0.35kg和有机无机复混肥0.5kg，将部分苗床土返回苗床，厚度为4~6cm。

（3）播种。在苗床上画行播种，行距10cm，株距3~5cm，播种后再覆盖细土3cm；覆土后及时用100mL 40%乙草胺乳油/亩稀释成1 000倍液喷于床面。

（4）苗床管理。水分管理，播种时浇足水，覆土后保证苗床能渗上水；藤蔓快速生长期保证水分，以苗床见湿为宜；山药膨大期及时浇水；肥料管理，山药膨大期追施25%普通三元复合肥0.15kg/m²；常规管理，藤蔓快速生长期至膨大期，用4~5g多效唑/亩稀释成200~300mg/kg溶液进行叶面喷雾；苗床上搭架供藤蔓生长。

此方法获得了国家发明专利（专利号：ZL20121038 1026.6）。

为了进一步提高繁殖系数，简化操作步骤，节约用种成本，编者对上述方法进行了优化。

1/4　　1/2　　1-CK　　2/2　　4/4

切块方式

繁殖种薯

图4-4　山药切块方式和繁殖种薯

49. 山药种薯苗床高效繁殖方法如何操作?

　　选取无病虫损伤的山药薯块，按正常播种要求切块后，切面用硫酸铜石灰粉进行保护处理，在大棚或小弓棚内的催芽苗床上对切块进行催芽；将催芽后的薯块分割成3～4个带芽的薯块，切面再用硫酸铜石灰粉进行保护处理后，播种到经培肥的种薯繁殖苗床上；催芽薯块播种覆土后，保证苗床湿度适宜，促进出苗；出苗后按照块状山药种薯苗床繁殖技术进行苗床管理，秋季下霜之前收获种薯。用该方法繁殖种薯可达7万个/亩。本方法（专利号：ZL201410159226.6）通过2次切割山药薯块的方法来繁育种薯，大大提高了块状山

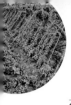
药种薯繁殖系数，达到节约用种成本的目的（图4-5）。

（1）第1次切块。于3月下旬将块状山药薯块晾晒2～3d后，切成50～100g的薯块，将切好的薯块晾晒1d后，切面用硫酸铜和石灰粉包裹待播。

（2）薯块催芽。在大棚内准备催芽苗床，将处理好的薯块紧挨着摆放在苗床上，在苗床上覆盖1层浇透水的草毡子（或保温毯），再覆盖1层碎草，注意密封大棚增温催芽，定期检查草毡（或保温毯），发现表层发干，及时浇水。也可用小弓棚苗床催芽。一般需要催芽20d左右。

（3）催芽后第2次切块。催芽薯块都发丛芽后，取出催芽薯块，将薯块按照发芽部位，分割3～4个带芽的薯块，将切面再次用硫酸铜石灰粉包裹后待播。

（4）播种。将切好的带芽薯块播种到种薯繁殖苗床。一般播种后10d左右即可齐苗。

（5）薯块催芽。在大棚内准备催芽苗床（或在催芽苗床上加盖小弓棚）。

催芽苗床规格：宽1.2m，长度因薯块量而定（一般1m苗床可以播种催芽薯块240个），苗床四周起小垄。催芽播期：3月下旬。

催芽方法：将催芽苗床浇透水，撒1层细沙（或基质、碎草屑、锯木屑等），将处理好的薯块紧挨着摆放在苗床上，在苗床上覆盖1层浇透水的草毡子（或保温毯），上再覆盖1层碎草，注意密封大棚增温催芽，定期检查草毡（或保温毯），发现表层发干，及时浇水。若使用小弓棚催芽，可现在露地做好苗床，播种后插竹弓、加盖薄膜，形成小弓棚苗床，小弓棚要盖严压实，防止大棚揭膜，影响催芽效果。

催芽时间：一般催芽20d左右，薯块就全部萌发丛芽。

（6）硫酸铜石灰粉处理。将硫酸铜溶于5倍清水中，充分搅拌，配成硫酸铜溶液；将硫酸铜溶液，均匀喷洒在硫酸铜重量10倍的生石灰块上，边喷洒边用铁锨翻动生石灰块，使硫酸铜溶液均匀喷洒于生石灰块上，再根据石灰块分化情况，适当喷水使石灰块完全分解成粉末，即形成硫酸铜石灰粉。每次切块后，用硫酸铜石灰粉对山药切面进行包裹，作为薯块切面防菌保护试剂，防治薯块腐烂。

图4-5　山药切块高效繁殖

第五章 山药病虫草害防治

50. 山药主要病害有哪些?

关于山药病害过去研究报道不多,近些年来,随着山药不断受到政府部门的重视和消费者的欢迎,全国山药种植规模大幅度增加,由于单一品种大面积连片种植,常年连作,导致病害问题逐年加重,并且还不断出现新的病害或生理小种。同时,随着全球气候变暖,我国南方、北方种薯相互调运频繁,加重了病害的扩散为害,给山药的产量和品质造成严重影响,极大打击了农民种植山药的积极性。目前,对我国山药生产影响较大的病害有炭疽病、褐斑病、枯萎病、茎腐病、褐腐病等真菌性病害和青枯病、软腐病等细菌性病害,以及近年发展较快为害较重的山药病毒病。

51. 山药主要病害有哪些特点?

(1)山药炭疽病。是地上部分茎叶的主要病害,也是造成山药减产的关键因素之一。山药炭疽病是由刺盘孢菌或薯蓣盘长孢菌感染导致的,为害叶片,也为害茎蔓,在江苏省一般7月、8月发生较为严重。在叶片的叶脉上，初生为褐色凹陷的小斑，后变为黑褐色，扩大后病斑中央褐色，斑面散生黑色小粒点，略凹陷，空气潮湿会产生淡红色的黏稠物质。茎蔓发病多在距地面较近部分，为害严重时叶片早落，茎蔓枯死，导致植株死亡（图5-1）。天气温暖多湿或雾大露重有利于发病，偏施过施氮肥，植株徒长，柔嫩，易发病。无支架或支架低矮，植地郁蔽，通风透光不良，田间排水不畅会导致病害蔓延迅速，加重发病。若防治不及时，延误了最佳防治时期，发病重。

叶片 　　　　　　　　　　单株

图5-1　山药炭疽病症状

（2）山药软腐病。也称青霉腐烂病、干腐病，是山药收获期、储运期常见病害。发生初期在块茎的伤口产生白色絮状菌丝团，逐渐形成蓝色霉层，发病部分开始软化，最后干缩。病菌一般从伤口侵入，多见于山药块茎两端断口处先发病，由外及内逐渐扩展。该病既可发生于田间山药的块茎上，也可在采后山药块茎上发生（图5-2）。

图5-2　山药软腐病症状

病原广泛存在于各种环境中，条件适宜时可直接侵染。温度偏高，湿度大时容易发病。有伤口，发病重。选地势高的地块种植，生长期内要加强管理，适时浇水，防治地下害虫。收获时避免伤口产生。储存时注意通风降温。

（3）山药病毒病。山药周年进行无性繁殖，不经过有性世代，体内普遍存在病毒，当病毒积累到一定程度后，种性就明显退化，生活力减退，这是种性退化的内因。在山药集中种植区，山药块茎膨大期，正值高温干燥的气候，极有利于病毒病的传播与流行，因此病毒病导致的山药种性退化现象十分严重（图5-3，图5-4）。

山药病毒病目前没有有效的化学防治药剂，最根本的方法是培育抗病毒病的山药新品种，但这需要一个漫长的过程。另外还可以通过茎尖分生组织培养生产脱毒试管苗，因为在山药体内病毒移动主要依靠2条途径，一是通过维管束系统，而茎尖分生组织中尚未形成维管束系统；二是通过胞间连丝，但这条途径病毒移动速度非常缓慢，难以追赶活跃生长的茎尖分生组织。但问题是组培苗是否是真正的脱毒苗，现在还缺少针对山药病毒的抗病毒鉴定试剂盒。

图5-3　山药马铃薯卷叶病毒症状　　图5-4　山药马铃薯黄化病毒症状

52. 山药炭疽病如何防治？

山药炭疽病防治主要采用农业防治和化学防治。

（1）农业防治。选用抗病品种，选择适宜栽培地，选择土质疏松，地势高，土层深厚肥沃，排灌方便，通气透水，保水保肥性能好，光照充足，土质上下均匀的轻沙质土壤种植。合理轮作，重病田应实行轮作，一般隔3年轮作1次，可与禾本科作物轮作。科学进行肥水管理，山药施肥应以基肥为主，多施有机肥，增施磷肥、钾肥，并配以适量的铁、锌等微肥。搞好田间排水，排种整地时坚持高畦、深

沟、短行，确保汛期田间排水畅通。山药出苗前插好支架，采用高支架管理，合理密植，枝叶合理分布，保证通风透光，改善田间小气候。发病初期及时摘除病叶，拔掉病株，如出现急性落叶，可轻轻晃动秧架，让病叶掉落，并扫净落叶，将其带出田外深埋或烧毁，以减少炭疽病的侵染源。秋后及时清洁田园，并把残体集中深埋或烧毁。

（2）化学防治。播种前将山药切块，用25%嘧菌酯悬浮剂1 000倍液加45%咪鲜胺乳油1 000倍液浸种10min，置阴凉处晾干后播种。生长期喷药重在防治，防治山药炭疽病关键是要"早"，一旦发现症状，立即防治，如用药偏晚，控病效果将会显著下降（特别是急性型叶部染病）。用药间隔期时间一般为10~15d，遇雨或连续3d以上大雾可缩短至5~7d，全季一般需喷药5~7次。发病前和生长前期用77%氢氧化铜可湿性粉剂500倍液、70%代森锰锌可湿性粉剂1 000倍液等进行保护。发病初期和生长后期选用25%嘧菌酯悬浮剂1 000倍液、70%甲基硫菌灵可湿性粉剂1 200倍液、50%多菌灵可湿性粉剂500倍液、45%咪鲜胺微乳剂1 000倍液。以上药剂轮换交替使用。

53. 山药病毒病如何防治？

山药病毒病防治除使用零余子（山药豆）进行提纯复壮外，还可以采用2种方法减轻病毒病的为害。

（1）"本地留种"变"异地换种"。大部分山药产区均为自行"本地留种"，山药病毒病为害虽表象相同，但是不同地块、不同土质来源的山药致病环境因素不同，采用远距离的"异地换种"能使山药病毒病发病率下降40%以上。

（2）"龙尾"变"龙头"覆膜早播。对于不结零余子（山药豆）的'九斤黄'山药，生产上以经过100～150cm厚土壤过滤后的"龙尾"即块茎末端繁殖，此块茎末端较"龙头"光滑鲜亮，能使山药病毒病发病率下降30%以上，并通过春季覆膜早播克服"龙尾"晚出苗的不足，但在雨季来临之前要去除地膜，避免垄沟裹浆渍害。

54. 山药主要病害如何综合防治？

山药病害为害种类繁多，不管是哪种病害类型，都要做到预防为主，山药的综合防治措施，与其他作物相似，也应以农业防治为主，药剂防治为辅。

（1）农业防治。农业防治应贯彻于山药栽培生产各个环节的始终。

①选用无病害的优质品种，不用发病区的种薯。

②实行轮作换茬，山药换茬以水旱轮作效果最好；旱地栽培则优先选择禾本科作物。

③科学选地，选用无病田块种植。

④科学肥水管理，及时排除田间积水等农业措施可有效减轻或避免病害发生。基肥以腐熟的有机肥为主，增施磷、钾肥，并配以适量的铁、锌等微肥，控制氮肥的施肥次数和施肥量，培育壮苗，增强植株综合抗病能力。易涝地块建排水沟，多雨季节防止田间积水。增高架材，营造通风透光的环境，改善田间小气候。

（2）药剂防治。栽前用50%多菌灵可湿性粉剂800～

1 000倍液，或25％嘧菌酯悬浮剂浸种。出苗后喷1∶1∶150波尔多液，每10d喷1次，连喷2～3次。发病后喷80％代森锰锌可湿性粉剂800倍液，每7d喷1次，连喷2～3次。

55. 山药主要虫害有哪些及如何防治？

山药的害虫有蛴螬、斜纹夜蛾等，通过咬食山药，使山药块茎不能正常生长，造成山药畸形，而且伤口又为病原菌入侵提供了有利条件，进而导致块茎腐烂。而山药线虫病的为害同样不可轻视。

（1）蛴螬。是为害山药块茎最重要的地下害虫，因其在地下为害，对药剂施药方法、持效期、农药残留等均有很高要求，蛴螬防治是国内外公认的难题。

蛴螬在生长期咬食山药块茎，使其不能正常发育，影响产量和品质。蛴螬成虫金龟子傍晚出土取食，可利用此时机对成虫进行防治，在高效环保前提下达到消灭金龟子而使幼虫蛴螬灭绝的目的（图5-5）。

图5-5 蛴螬

防治方法：每亩用3%辛硫磷颗粒剂4～8kg沟施。

（2）斜纹夜蛾。俗称夜盗虫、乌头虫，属于鳞翅目、夜蛾科。为世界性害虫，取食近300种植物的叶片，喜温而又耐高温，间歇性猖獗为害植物。每年以7—9月发生数量最多。幼虫共6龄，4龄后进入暴食期，成虫昼伏夜出，卵多产在叶片背面，每头雌虫能产3～5个卵块，每个卵块有100～200粒卵（图5-6）。

图5-6 斜纹夜蛾及其为害叶片

防治方法：保护和利用天敌，应用多角体病毒消灭幼虫；用糖醋或发酵物加毒药诱杀成虫；在幼虫进入暴食期前喷施20%氯虫苯甲酰胺悬浮剂+菊酯类杀虫剂2 000倍液均匀喷雾，喷药时间宜在傍晚或清晨。

（3）线虫。山药线虫主要有根结线虫和短体线虫2种，为土传病害，是烂种、死苗、绝收的主要原因（图5-7，图5-8）。地上部茎蔓髓部初为白色，后变为褐色干腐状。为害地下块根，长出许多大小不等的小疙瘩，使其不能正常生长发育，影响产量和质量（图5-9，图5-10）。

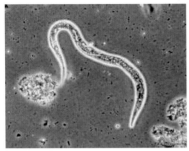

图5-7 山药线虫单体

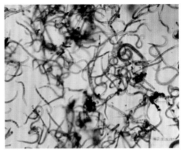

图5-8 电镜下山药线虫

图5-9 线虫感染山药嘴子症状

图5-10 线虫感染山药尾部症状

抗病品种和晚栽早收是山药线虫病目前最有效防治方法。化学防治方法可采用50%辛硫磷乳剂150倍液。

56. 山药主要草害如何防治?

山药田间以禾本科、阔叶类和恶性杂草较多,防治技术可分为芽前封闭除草和杂草3～5叶期除草2个关键时期进行。

（1）山药栽后芽前杂草封闭防治技术。在种植后1~3d，小草还没有萌芽时喷40%乙草胺可湿性粉剂800倍液或33%二甲戊灵乳油500倍液，使用量根据土壤表面进行调整，干旱时多掺水，尽量达到封闭作用，用量略高于一般田块推荐量（图5-11）。

图5-11　山药芽前杂草封闭后的大田

（2）山药出苗后杂草防治技术。在山药栽后25~35d的窗口期，即杂草3~5叶期（图5-12），用10%~15%精喹禾灵水剂50mL兑水30kg定向喷施，尽量不要沾在茎叶上，少量沾染会导致叶片出现枯斑甚至整片叶枯萎，但一般不影响以后新芽萌发，喷后4h见效。

（3）山药恶性杂草防治技术。山药大田恶性杂草有香附子、马齿苋、牛筋草、芦苇、白茅和狗牙根等，可用氟

吡甲禾灵或芦矛枯或草甘膦50g复配精喹禾灵水剂50mL兑水30kg，进行化学除草。

图5-12　山药大田杂草危害情况

第六章　山药产后储存和加工

57. 山药最佳采收时间？

一般从10月中下旬开始，山药茎叶枯黄时开始采收。因各地山药的种植时间不同收获时间也会有幅动，有的地方8月即可采收，有的地方初冬采收，有的地方则要等到翌年春天采收，在江淮流域及其以南地区，地表温度适宜，可将山药块茎留在地下，延续至翌年3月再进行采收。

58. 山药如何储存？

山药适宜储存温度为12～16℃、相对湿度为75%～85%。简易的储存方式如筐藏法或埋藏法即可满足储存需求。其技术要点如下。

采收要求：要求山药粗细均匀、完整、无伤痕，无虫害，未受热，未受霜冻。

储前处理：入库前进行摊晾、阴干5～6d，使伤口部位木栓化，以减少失重和储存中的腐烂，再用消石灰封在块根伤口处，即可入库储存。

筐藏法：首先按照5～15g/m³用量燃烧硫黄对库房与储存容器如塑料周转筐、箩筐、板条箱等进行熏蒸杀菌，熏蒸时封闭库房24～36h，然后通风排掉空气中残余药剂。再将经过日晒消毒的稻草或麦秆铺垫在消毒过的塑料容器的底部及四周，然后将选好的山药逐层堆至8分满，上面用麦秆覆盖，再采用骑马式堆码于库房内。高度一般以3～4只筐/箱为宜。为防止库房地面潮气对块茎的影响，堆码时，可在筐或箱底垫上砖头或木板，使其与地面之间留有10cm左右的距离。垛码间应留有10～20cm间隙，排列方式与空气流通及循环方向一致。

埋藏法：在仓库水泥地面上用砖砌起高1m左右的埋藏坑，坑底铺上厚约10cm经过日晒消毒的干细沙或干黄沙，然后将经挑选、摊晾透的山药按次序平放在泥沙上，1层山药1层泥沙，向上堆至坑口10cm左右，再用干细沙或黄沙密封。埋藏后不需多次搬动检查，一般隔1个月左右抽样检查1次。倒动检查时，要轻拿轻放，不要擦伤块茎的表皮，发现病变应及时剔除，以防蔓延。如发现泥沙含水量过大，可提前搬动。经愈伤的山药，适宜储存于温度12～16℃，相对湿度75%～85%及适当的通风环境中。

储存期管理：要求储存期温度保持在12～16℃，并定期通风（每周通风2次，每次10～15min），使空气相对湿度维持在75%～85%，防止山药发生低温损伤、湿腐病等。

59. 块状山药品种如何储存?

块状山药品种有'苏蓣1号''苏蓣2号''苏蓣3号''苏蓣5号''苏蓣6号'和'苏蓣7号',全部适用于全程机械化作业,但其原产地均为南方地方品种,表现为晚熟、不耐寒、较难储存等。为了确保块状山药安全越冬储存,采收后要晾晒2~3d,散失水分后可以用细沙或沙土埋藏室内保温越冬储存,注意不要受冻,为了更加安全储存也可以采取高温愈合储存方式。块状山药品种储存技术主要是注意不受冻,温度控制在15~18℃,而普通长山药品种储存温度为2~5℃,有明显的不同。其他储存方式还有洞内和棚内保温储存等。

块状山药高温愈合储存技术为:块状山药收获晾晒2~3d后,将其封闭在山药库内迅速加热至35~38℃高温,保持4昼夜促进伤口愈合,然后快速通风、降温、散湿,以后长期保持温度15~18℃,相对湿度60%~70%储存块状山药(图6-1)。

室内保温散装储存

洞内常温散装储存

室内电加热高温　　　室内煤加热高温　　　棚内散装保温储存
　愈合储存　　　　　　愈合储存

图6-1　块状山药不同储存方式

60. 长柱状山药品种如何储存?

长柱状山药品种为我国北方主栽地方山药品种，易储存，其适合温度为2～5℃。地势高燥地区的新山药地在不受水涝灾害的情况下，还可以原产地不收获储存即原地储存。山药采收后不抖土、不撸毛，要晾晒2～3d。采收的长山药可以放在室内用沙土或细沙埋藏储存即室内常温储存，温度控制在2～5℃为宜，常温下能储存3～4个月。其他还有就地挖沟储存、简易大棚储存、冷库精准储存等（图6-2）。

冷库精准储存技术为采后的长山药去嘴后，尽快将切面蘸取生石灰粉。在冷库最底层铺垫1层3～6cm厚的加湿填充物（沙土或细沙），铺垫1层山药，然后再在山药上铺垫1层填充物，厚度以能将山药完全水平覆盖为准，这样1层山药1层加湿填充物地铺垫多层，形成一个个码堆。为了管理人员方便，码堆宽度不超过1.5m，高度不超过1.2m。山药在冷库中储存期间，库内空气相对湿度保持在75%～85%。除山药萌芽期以外，冷库内的温度控制在2～5℃，温差幅度

为 ± 0.5℃，在山药萌芽期冷库内的温度控制在1℃左右。整个储存期内坚持烟熏剂灭菌，采用常规烟熏杀菌剂即可，每月对恒温库进行1次消毒灭菌处理。

'九斤黄'山药原产地不收获储存   '九斤黄'山药室内常温储存

铁棍山药就地   铁棍山药简易   冷库精准储存
挖沟储存   搭棚储存

图6-2 长柱状山药不同储存方式

61. 山药豆如何储存？

山药豆即零余子，是长柱状山药品种的田间副产品，每亩地产量150～250kg，收入1 500元左右，山药豆的安全储

存技术和长柱状山药一样，其安全储存温度为2~5℃，但其包装储存方式有所不同（图6-3）。

网袋包装储存　　　　　　编织袋包装储存

图6-3　山药豆不同储存方式

62. 不同山药品种如何食用最合适？

水山药，个头较大，外形笔直，含水量较高，含淀粉和蛋白质，是市场上最常见的山药品种，非常嫩脆，适宜炒菜食用。牛腿山药，主要产地在山东省，因地下块茎形似牛腿而得名，味甘色正，营养价值高，适合蒸、炖或者蒸煮食用。铁棍山药，产自河南省焦作市，粗细均匀，毛须较多，不易煮烂，富含氨基酸和黏蛋白，汁液浓稠，是山药里的优质品种，适宜蒸煮。

63. 山药加工成品有哪些？

山药以鲜食为主，但加工产品种类也非常丰富，可加工成干片，或炮制成饮片，如怀山药干片；可加工成食品，如山药粉、山药挂面、即食山药、山药月饼、山药酥、山药脆片、山药薄饼、山药锅巴、山药果脯、山药粉条等；也可加工成饮料，如铁棍山药露、紫山药露；或者加工成调料，如山药醋；还可加工成酒，如铁棍山药酒、紫山药酒；或提取色素，如花青素（图6-4）。

山药干片　　　　　　　　　山药脆片

山药淀粉　　　　紫山药全粉　　　紫山药泡菜

图6-4　部分山药加工产品

64. 不同山药品种如何加工最合适？

编者对不同山药品种，包括'苏蓣1号'（块状紫山药）、紫玉淮山（柱状紫山药）、铁棍山药、水山药（花籽

山药）等，比较了它们的主要营养成分（表6-1，表6-2，表6-3，图6-5）。

采用双波长法对不同山药品种的淀粉含量进行了测定，铁棍山药淀粉含量最高，其次依次为'苏蓣1号'（块状紫山药）、紫玉淮山（柱状紫山药），花籽山药淀粉含量最低。分析比较不同山药品种的总蛋白质、脂肪、总糖、还原糖、灰分、花色苷、多酚，铁棍山药的蛋白质和总糖含量最高，而紫山药的多酚、花色苷含量高，特别是'苏蓣1号'，不仅花色苷和矿质元素含量最高，其总蛋白也较高，仅低于铁棍山药，因此开发利用潜力极大。进一步检测不同山药品种的氨基酸组成和脂肪酸组成。山药的脂肪酸组成与深海鱼油的脂肪酸种类接近，铁棍山药的多不饱和脂肪酸很高，几乎可以与保健功能很高的葡萄籽油媲美；'苏蓣1号'的必需氨基酸所占比例大于其他2种山药，说明虽然'苏蓣1号'的总蛋白含量低于铁棍山药，但氨基酸组成更加合理，营养价值也高。

表6-1 山药营养品质

品种	淀粉含量/%	总蛋白/%	脂肪/%	总糖/(mg/g)	还原糖/(mg/g)	灰分/%
'苏蓣1号'	88.2	10.29	1.6	64.2	5.20	6.9
紫玉淮山	87.7	8.76	2.8	38.4	1.18	3.4
铁棍山药	93.1	11.74	1.3	121.7	3.34	4.9
水山药	75.6	10.04	1.9	95.0	2.30	4.0

表6-2 不同山药品种的脂肪酸组成

脂肪酸	'苏蓣1号'	紫玉淮山	铁棍山药	水山药
c12：0	—	—	0.121	—
c13：0	—	—	—	0.234
c14：0	0.382	0.705	0.228	1.025
c15：0	1.143	1.522	0.706	24.571
棕榈酸c16：0	—	0.484	0.915	0.203
棕榈油酸c16：1	—	0.484	0.915	0.203
十七碳-烯酸c17：1	—	0.393	0.164	1.303
硬脂酸c18：0	2.550	3.399	0.736	7.910
油酸c18：1n9c	11.253	6.917	7.379	49.432
亚油酸c18：2n6c	41.797	43.851	51.544	—
亚麻酸c18：3n3	7.497	8.397	11.868	—
花生二烯酸c20：2	—	—	0.104	8.693
c22：0	—	0.428	0.375	—
c23：0	0.507	0.402	0.483	0.307
c24：0	2.037	2.109	0.866	0.463
花生五烯酸EPAc20：5n3	0.523	—	0.224	1.112
SFA	36.660	37.740	24.470	29.220
UFA	61.070	60.040	72.200	66.830
PUFA	49.820	52.250	63.740	58.130

续表

脂肪酸	'苏蓣1号'	紫玉淮山	铁棍山药	水山药
SFA/UFA	1∶1.67	1∶1.59	1∶2.95	1∶2.29

表6-3　不同山药品种蛋白质的氨基酸组成

氨基酸	缩写	'苏蓣1号'	紫玉淮山	铁棍山药	水山药
天门冬氨酸	Asp	0.753	0.912	0.703	0.784
苏氨酸	Tht	0.264	0.298	0.284	0.327
丝氨酸	Ser	0.389	0.515	0.903	0.868
谷氨酸	Glu	0.910	1.091	0.994	1.550
甘氨酸	Gly	0.262	0.281	0.287	0.316
丙氨酸	Ala	0.277	0.329	0.375	0.716
胱氨酸	Cys	0.117	—	—	—
缬氨酸	Val	0.289	0.351	0.323	0.320
蛋氨酸	Met	0.045	0.070	0.047	0.054
异亮氨酸	Ile	0.258	0.319	0.253	0.257
亮氨酸	Leu	0.481	0.575	0.432	0.424
酪氨酸	Tyr	0.242	0.273	0.205	0.193
苯丙氨酸	Phe	0.420	0.487	0.388	0.355
赖氨酸	Lys	0.316	0.356	0.305	0.335
氨	NH₃	0.315	0.310	0.334	0.428
组氨酸	His	0.153	0.199	0.148	0.163

续表

氨基酸	缩写	'苏蓣1号'	紫玉淮山	铁棍山药	水山药
精氨酸	Arg	0.723	1.013	1.002	1.091
脯氨酸	Pro	0.261	0.304	0.211	0.144
总氨基酸	TAA	2.073	2.456	2.032	2.072
EAA/TAA/%		33.65	33.31	29.62	36.63
EAA/NEAA/%		50.72	49.94	42.09	35.57

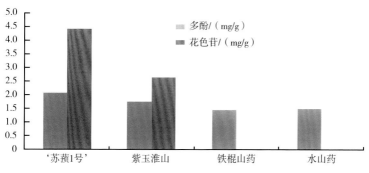

图6-5　不同山药品种的多酚与花色苷含量

因此，综合考虑蛋白质、氨基酸组成、矿质元素含量、活性物质含量等，'苏蓣1号'可作为主要的加工原料进行食品深加工，如山药酒、低醇饮品、发酵饮料等；淀粉含量低的水山药可开发为山药泡菜和山药脆片。

65. 山药的功效有哪些?

山药的功效很多，如降血糖、降血脂、抗衰老、抗氧化、抗肿瘤等（图6-6）。

（1）降血糖、降血脂。药理实验研究表明，山药可以降低血糖和血脂水平并有效提升肝糖原与肌糖原的含量。山药多糖促进血糖代谢的方式是通过提升血液中的己糖激酶等糖代谢关键酶的活性进而达到降血糖的目的。通过临床治疗的研究显示，注射胰岛素和摄食山药共同进行的治疗效果比单独使用胰岛素要好。

（2）抗衰老、抗氧化。主要由山药多糖和黏液质多糖起作用，它们能够清除体内自由基，是很好的天然抗氧化剂，同时具有多种生理活性、安全性高，山药多糖的还原力随着浓度的提高会显著增强。

（3）抗肿瘤。山药多糖通过增强免疫力、抑制肿瘤血管形成、诱导细胞凋亡等方式发挥抗肿瘤作用。研究证实水溶性山药多糖对结肠癌细胞HCT-116增殖具有抑制作用。

（4）保护肝脏。山药多糖能够保护卡介苗（BCG）和脂多糖（LPS）导致的小鼠免疫性肝损伤。

（5）调节肠胃功能。研究显示山药对正常的胃排空及肠管推进运动具有抑制作用，而对脾虚的胃肠推进运动的亢进行为具有拮抗作用。山药能抑制血清淀粉酶的分泌，对神经介质产生对抗作用。此外山药可以促进创面愈合，临床常用于治疗脾胃虚弱之症。

（6）调节免疫功能。山药多糖还具有体内、体外免疫活性，可以增加胸腺指数与脾脏指数，抑制胃肠排空，提高淋巴细胞增殖能力并促进抗体生成，对细胞免疫、体液免疫和非特异性免疫都有增强作用，进而能有效调节免疫系统。

（7）增加血小板数量。山药多糖能够有效增加血小板数量，并且多糖给药剂量越高，血小板数量增加越多，止血效果也更显著。

（8）控制食欲、瘦身减肥。鲜山药中碳水化合物占12%，热量比红薯的一半还少，同时脂肪含量也很低，富含膳食纤维，吸水后体积膨胀，可使人饱腹感增强，起到控制食欲、瘦身减肥的作用。

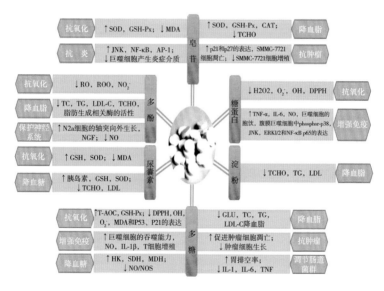

图6-6 山药的功效

66. 引起山药褐变原因及控制方法有哪些？

鲜切山药中，在体内多酚氧化酶的催化作用下，酚类物质会转变成为一些醌类物质并不断累积形成一种黑色的物

质，再加上暴露在空气中与微生物接触，导致山药的食用价值和营养价值急剧下降，严重时会造成更大的安全隐患。

控制褐变的方式主要是通过热水、热蒸汽和热空气等热处理或加抑制剂来遏制引起褐变的酶的活性、改变主要酶的作用条件（如最适pH值、最适温度等）、驱除氧气或添加金属离子整合剂等抑制酶的活性以及控制氧来进行的。

编者以柠檬酸、抗坏血酸、氯化钠以及处理时间为因素，在单因素试验基础上，以褐变指数为指标，采用正交试验优化山药防褐变剂，结果表明柠檬酸的防褐变效果最好，其后依次为抗坏血酸、植酸、氯化钠（NaCl）。最佳防褐变剂配方为抗坏血酸0.1%、柠檬酸0.15%、植酸0.15%、NaCl 0.2%的组合，经多次反复试验，效果优良。褐变指数的检测方法为：取2g山药浆液与10倍质量的甲醇溶液混匀，在40℃水浴中保温30min后，冷却至室温，抽滤，410nm下测定上清液的吸光值，以甲醇为空白对照，褐变度以$10 \times A410$表示，数值越小，表明褐变度越小。

67. 山药如何开发利用？

山药的用途很广泛，可直接食用，也可加工成山药粉、糕点、山药酒等各类加工产品。

（1）直接食用。将山药制作成粥、汤、糕点、甜品等直接食用。食用山药以其块茎为主，鲜山药具有较高的含水量（图6-7）。

图6-7 鲜食山药

（2）山药面条。黏度较低，黏附性、弹性、咀嚼性和回复性高，具有山药特有香味，提高了面条的营养性能，同时丰富了面条的种类（图6-8）。

图6-8 铁棍山药挂面

（3）山药蛋糕。以山药多糖为原料，加木糖醇调节甜度，制出的成品香味纯正，口感松软香甜，不粘牙，甜度适

中，切面呈细密的蜂窝状，并且还是符合糖尿病患者营养需求特点的辅助降糖的功能性食品。

（4）山药饼干。产品外形完整，花纹清晰，断面结构呈多孔状，孔细密均匀；口感酥脆，清爽，甜度适中，不粘牙。充分利用了山药富含多种生物活性物质的特点。

（5）山药罐头。采用去皮蒸煮灭菌的方法，做成的罐头具有口味独特、营养丰富的特点，能满足人们对食品营养和保健的追求，为功能性食品的开发提供参考依据。

（6）山药代餐粉。莜麦、藜麦、山药等均是高蛋白、高膳食纤维、低热量的营养型粗粮，经常食用可以预防心血管疾病、结肠癌等，还可以降低血糖浓度、胆固醇以及类脂浓度，是糖尿患者、肥胖者和减肥人群的良好食物来源之一。以玉米改性粉、莜麦改性粉、藜麦改性粉、山药改性粉和木糖醇为原料，调配制得的代餐粉口感及冲调性优良，可供各类人群食用（图6-9）。

图6-9　紫山药即食粉

（7）山药发酵酒。山药酒作为新兴酒种，其制备工艺各异。以液化和糖化后的山药为原料制备出酒的酒制品，富含人体所需的各种氨基酸、维生素、微量元素和抗癌物质，并且风味极佳。编者以紫山药为主要原料，补充一定量的糯米调节糖度，通过发酵菌种的筛选、接种的选择优化、糯米与山药的质量控制等开发紫山药保健酒，通过生物酶解技术提高原酒率与稳定性，并通过复合絮凝剂结合冷冻处理等组合澄清技术，保证了产品的稳定性（图6-10）。

图6-10　紫山药酒

（8）山药面包。以山药为原料称量，干料混合均匀，加鸡蛋和水调制成面团，调好面团至面筋形成后加入黄油，

切块搓圆整形、醒发、烘烤、冷却、检测、包装，制作的成品适合各类人群食用且具有多种保健功效。

（9）山药食醋。山药淀粉含量高，不具备分解纤维素和水解蛋白质的酶系统，是一种优良的保健醋发酵原料，在食醋的生产过程中添加山药作为辅料，制得的食醋营养丰富、风味独特还具有保健功效。山药醋中含有蛋白质、酵母、色素、单宁等大分子物质，经复合澄清处理后的山药醋呈浅黄棕，色泽均匀透亮，醋味酸感柔和。

（10）山药酥。以山药为主要原料，用棕榈油代替黄油，适当添加甘草，制得的山药酥具有较高的营养价值并且适合大规模工业化生产。

（11）山药粉咀嚼片。由于鲜山药含水量较高、质地较脆、易腐烂，不便运输和长期储存。采用粉末直接压片工艺，以山药粉为原料，制备山药粉咀嚼片。与普通片剂相比，咀嚼片吞食方便也便于儿童服用，并且易于储存、携带方便。无其他糖类辅料添加可供糖尿病、肥胖患者食用（图6-11）。

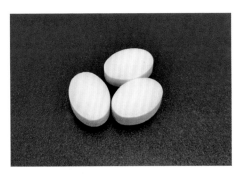

图6-11　山药粉咀嚼片

（12）山药酸奶。酸奶具有止泻、促进消化、抗衰老、提高机体免疫力的作用。通过乳酸菌发酵的方法研制出集山药和酸奶的保健功能于一体的饮品，风味独特、酸甜适口、营养丰富，具有较高的营养价值。

（13）山药薯片。将山药粉进行揉团、成型、烘烤一系列工艺制成的薯片香气诱人，营养丰富（图6-12）。

图6-12 山药薯片

（14）山药饮料。大致分为4类，即山药原汁饮料、复合型山药饮料、山药发酵饮料和山药固体饮料。山药原汁饮料加工主要以山药为原材料，添加甜味料、酸味料、护色剂、稳定剂等辅料调配而成。将山药与其他原料复配成饮料可丰富山药饮料的口感、风味及营养，山药已被研究与苹果、山楂、红枣、香蕉、核桃、葡萄、红树莓、蓝莓、大

豆、生姜、枸杞、百合等果蔬制成复合型饮料。将山药与其他原料复合后进行发酵制成的饮料，在改善食品营养价值的同时还能够改善肠道菌群、提高人体免疫力。山药发酵饮料主要有发酵软饮料、酒类、食醋类、酸奶类。山药固体饮料相比液体饮料体积小且质量轻，便于携带，制得的固体饮料经冲调后，口感清爽、甜酸适口（图6-13）。

图6-13　紫山药饮料

（15）山药果丹皮。在传统果丹皮制作方法的基础上加入山药粉，用山药粉代替淀粉，增强了产品的保健功效，同时弥补夏季果丹皮的缺乏。

（16）山药粉丝。以山药为原料，经打浆、护色、均质、配方后制丝成型，其色泽洁白，具有粉丝特有的风味，耐煮性好，韧性好，产品表面光滑均匀，可以进行规模化生产。山药粉丝的开发，提高了山药的经济价值，丰富了山药制品的种类（图6-14）。

图6-14 山药粉丝

（17）山药果脯。以新鲜山药为原料，通过多次渗糖加工的低糖山药果脯不仅可以最大程度保留山药中的营养成分，而且可以避免高糖带来的副作用，具有一定的保健功能，是老少皆宜的方便食品。

（18）山药果冻。利用山药中含有丰富的纤维和多酚氧化酶等物质，制作的山药果冻有助于胃肠的消化吸收。改善了山药的口味，又增加了果冻的营养价值和保健作用。

（19）山药3D打印产品。3D打印是一种以数字模型文件为基础，运用可黏合材料通过逐层打印的方式来构造物体的技术。通过3D打印技术将山药粉制成具有网络状结构的功能性食品，负载各类营养素和活性物质，不仅具有山药原本的功能特性，而且有助于食品在人体内的消化吸收，提高生物可给率（图6-15）。

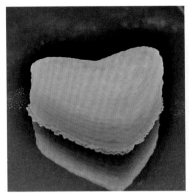

图6-15　山药3D打印产品

68. 山药原料的加工技术有哪些？

（1）山药的鲜切加工。山药的鲜切加工是指对新鲜山药原料进行挑选、清洗、去皮、护色、规整、保鲜、包装等工艺，使山药维持在新鲜状态，然后将山药用塑料制品包装销售，供消费者食用或餐饮业使用。由于山药中的多酚氧化酶与空气接触引发酶促褐变，鲜切加工并不多见，其关键在于护色。

（2）山药的速冻加工。山药速冻加工是指山药经过清洗、去皮、切片等适当的处理后进行急速冻结，经包装后存放于-18℃储存。

（3）山药粉的制备。山药粉是以山药为原料进行产品深加工的中间产品，其品质的高低会直接影响最终产品的品质，因此山药粉的制备是山药精深加工的重要一环。山药经喷雾干燥出来的样品即是粉末状，此方式处理可以得到较高的山药出粉率且感官品质也较好。

（4）山药的干燥方式。山药干燥加工的粗产品主要是山药脯、山药干、山药饮片等，主要有3种方式。热风干燥，是使加热介质和物料直接接触，并使物料悬浮于流体中的干燥方式，其生产成本相对较低，是最常用的方法之一，但花费时间较长且能源消耗较高。冷冻干燥，是将样品冷冻到冰点以下，使水转变为冰，然后在较高真空下将冰转变为蒸气而除去的干燥方式，此方式可以最大程度保留山药产品的营养成分，但其加工成本较高，应用相对受到限制。微波干燥，是利用电磁波作为加热源，使物料吸收微波的能量在物料电介质内部转换成热能的干燥方式，可以使山药在低温短时得以干燥，节约时间和能量的同时也很好的保存了山药的营养成分。

参 考 文 献

韩晓勇，王立，殷剑美，等，2019. 紫山药组织培养快繁技术优化[J]. 浙江农业科学，60（5）：759-761.

韩晓勇，闫瑞霞，殷剑美，等，2014. 台州紫山药组织培养快繁技术研究[J]. 浙江农业学报，26（2）：344-347.

韩晓勇，闫瑞霞，殷剑美，等，2013. 铁棍山药组织培养快繁及试管珠芽离体再生体系研究[J]. 西北植物学报，33（10）：2120-2125.

韩晓勇，闫瑞霞，殷剑美，等，2013.‘台州紫山药’试管薯诱导体系研究[J]. 园艺学报，40（10）：1999-2005.

胡聪，孟祥龙，宁晨旭，等，2020. 山药的研究进展及其抗衰老的网络药理学分析[J]. 世界科学技术-中医药现代化，22（7）：230-247.

黄文华，2005. 山药无公害标准化栽培[M]. 北京：中国农业出版社.

李昌文，刘延奇，李延涛，2010. 怀山药淀粉性质研究[J]. 中国粮油学报，25（8）：23-26.

李静静，李小安，2017. 不同品种山药直链淀粉、支链淀粉含量测定及分析[J]. 农业工程，7（6）：98-99.

林鹏，李银保，2015. 山药的化学成分及其生物活性研究进展[J]. 广东化工，42（23）：118-119.

刘杭达，马千苏，王傑，等，2015. 紫山药粗多糖提取工艺的优化及其抗氧化性的研究[J]. 食品工业科技，36（23）：208-213.

刘爽，吕佼，于潇潇，等，2020. 我国山药资源开发研究概况[J]. 粮食与油脂，33（3）：19-21.

刘影，史姗姗，汪财生，2010. 浙江紫山药营养成分及薯蓣皂苷元含量测定[J]. 安徽农业科学，38（9）：4563-4564，4567.

王飞，刘红彦，鲁传涛，等，2005. 5个山药品种资源的农艺性状和营养品质比较[J]. 河南农业科学（3）：58-60.

王瑞娇，马凡怡，2019. 山药多糖的研究进展[J]. 化学研究，30（5）：547-550.

王彦平，田春丽，孙瑞琳，等，2017. 紫山药的营养保健功能及开发利用研究进展[J]. 食品研究与开发，38（1）：200-203.

王彦平，宿时，陈月英，2017. 紫山药多糖超声结合酶法提取工艺优化及抗氧化活性研究[J]. 食品工业科技，38（8）：189-192.

王彦平，杨会会，钱志伟，等，2017. 响应面法优化紫山药中原花青素超声提取工艺及抗氧化性研究[J]. 食品工业科技，38（13）：181-185.

王彦平，张冠群，孙瑞琳，等，2017. 双酶法提取紫山药原花青素及其抗氧化性研究[J]. 中国农学通报，33（22）：145-152.

韦本辉，2013. 中国淮山药栽培[M]. 北京：中国农业出版社.

殷剑美，张培通，韩晓勇，等，2017. 优质块状山药新品种'苏蓣1号'的选育[J]. 中国蔬菜（2）：76-78.

张铅，蒋璐，张培通，等，2020. 长江中下游地区参薯块茎发育动态特征分析[J]. 植物生理学报，56（12）：2736-2744.

SHUJUN W，HONGYAN L，WENYUAN G，et al.，2006. Characterization of new starches separated from different Chinese yam （*Dioscorea opposita* Thunb.） cultivars[J]. Food chemistry，99（1）：30-37.